Karina Kliemank

Primzahltests

Zwischen Wissenschaft und Schule

GRIN Verlag

Bibliografische Information der Deutschen Nationalbibliothek:

Die Deutsche Bibliothek verzeichnet diese Publikation in der Deutschen National-bibliografie; detaillierte bibliografische Daten sind im Internet über http://dnb.d-nb.de/ abrufbar.

Impressum:

Copyright © 2011 GRIN Verlag GmbH
Druck und Bindung: Books on Demand GmbH, Norderstedt Germany
ISBN: 978-3-656-49049-4

Dieses Buch bei GRIN:

http://www.grin.com/de/e-book/231584/primzahltests

GRIN - Your knowledge has value

Der GRIN Verlag publiziert seit 1998 wissenschaftliche Arbeiten von Studenten, Hochschullehrern und anderen Akademikern als eBook und gedrucktes Buch. Die Verlagswebsite www.grin.com ist die ideale Plattform zur Veröffentlichung von Hausarbeiten, Abschlussarbeiten, wissenschaftlichen Aufsätzen, Dissertationen und Fachbüchern.

Besuchen Sie uns im Internet:

http://www.grin.com/

http://www.facebook.com/grincom

http://www.twitter.com/grin_com

Fakultät Mathematik und Naturwissenschaften
Institut für Algebra

Bachelorarbeit im Fach Mathematik,
Lehramtsbezogener Studiengang ABS

Primzahltests

vorgelegt von:
Karina Kliemank

angestrebter akademischer Grad
Bachelor of Science

eingereicht: 18. Juli 2011

Inhaltsverzeichnis

1 Einleitung

In der vorliegenden Bachelorarbeit soll das große Spektrum der Primzahltests näher untersucht werden. Ziel soll es sein, ausgehend von ersten und einfachen Erkenntnissen, was die Definition von Primzahlen und allererste Ergebnisse auf diesem Gebiet umfasst, immer weiter vorzudringen. Schlussendlich soll ein verständlicher Weg aufgezeichnet sein, wie sich die Entwicklung von Primzahltest in unserer Gesellschaft immer weiter vollzogen hat. Zum Abschluss dieses Abschnittes wird der neueste Primzahltest, der im Jahre 2002 entdeckt wurde, stehen. Die AKS-Methode und der Algorithmus, den sie beinhaltet unterscheiden sich von den meisten bisherigen Tests mit Praxisbedeutung in seiner Determiniertheit. Diesen neuesten wissenschaftlichen Erkenntnissen auf dem Gebiet des Primalitätsproblems werde ich einen größeren Anteil meiner Arbeit widmen. Trotz allem nutzt der AKS-Algorithmus die Erkenntnisse seiner Vorläufer. So soll auch die Arbeit gestaltet sein, welche einen Überblick über die verschiedenen Tests und ihre Anwendung geben soll. Dabei werde ich mich vor allem auf das Buch "PRIMZAHLTESTS FÜR EINSTEIGER" von LASSE REMPE & REBECCA WALDECKER ([RW09]) stützen.

In Bezug auf die Anwendbarkeit von Primzahltests in der Schule eignen sich meiner Ansicht nach die Siebmethoden für eine nähere Betrachtung. Der didaktische Bezug und die Anwendung in der Schule, insbesondere der Frage inwieweit Primzahlen in der gymnasialen Oberstufe eine Rolle spielen, sollen den letzten Teil dieser Arbeit darstellen. Hierbei soll noch einmal aufgegriffen werden, inwieweit Primzahlen und die Bestimmung einer Zahl als Primzahl Anwendung in der Schule finden, und an welchen Stellen sich eine sinnvolle didaktische Eingliederung anbietet. Auch welche anderen Tests sich aus meiner Sicht besonders für eine verständliche Betrachtung in der Schule eignen, soll dabei noch einmal eine Rolle spielen.

In der gesamten Arbeit wird die Effizienz und Alltagsrelevanz der verschiedenen Primzahltests immer wieder betrachtet. Die Bewertungen werden sich aus eigenen Reflexionen und wissenschaftlichen Meinungen ergeben. Um die Notwendigkeit von Primzahltests und somit den Sinn dieser Arbeit, wird es sich in dem ersten Teil drehen. In diesem werde ich allgemein die heute bedeutendste Anwendung der Primzahlen, genau benannt in der Kryptologie, kurz vorstellen. Hierbei gehe ich noch einmal gesondert auf das RSA-Verfahren ein, welches auch meinen ersten Berührungspunkt mit der Kryptologie darstellt.

1.1 Definition

Um in das Thema der Primzahltests eindringen zu können, muss zu erst einmal geklärt werden, was eine Primzahl ist. Umgangssprachlich ist eine Primzahl, eine Zahl die nur durch 1 und sich selbst teilbar ist. Mathematisch ausgedrückt erhält man:

"$p \in \mathbb{N}$ heißt *Primzahl*, wenn $p > 1$ und p nur die trivialen Teiler ± 1 und $\pm p$ besitzt." (Wolfahrt 2011[Wol11], S.6)

Alle anderen Zahlen bezeichnet man auch als zusammengesetzte Zahlen, da sie sich alle über Produkte von Primzahlen darstellen lassen, der Fachbegriff hierfür lautet *Primfaktorzerlegung*.

Allgemein bekannt ist ebenfalls, und nur durchaus logisch, dass die Anzahl der Primzahlen in einer betrachteten Menge immer kleiner wird, je größer diese betrachtete Teilmenge der natürlichen Zahlen gewählt wird. Das heißt, die Wahrscheinlichkeit, dass eine beliebige natürliche Zahl eine Primzahl ist, nimmt ab, je größer die Zahl wird. Beispielhaft ergibt sich folgender Sachverhalt: Betrachtet man die Menge von 1 - 100, so liegen in dieser Menge 25 Primzahlen, also 25,0 %. Erweitert man die Menge von 1 - 1.000 liegen 168 Primzahlen in dieser, was nur noch 16,8 % entspricht. Schaut man weiter und betrachtet die Menge 1 - 100.000 so liegen immerhin 9.592 Zahlen in dieser Menge, die prim sind, was nur noch einem prozentualen Anteil von rund 9,6 % entspricht. Die Wahrscheinlichkeit sinkt also bereits bei diesen verhältnismäßig kleinen Mengen von 0,250 auf 0,096. Bedenkt man, dass Primzahlen in der Praxis erst ab 100 oder 1000 Stellen sinnvolle Anwendungen finden, wird schnell klar, dass es immer schwieriger wird, zufällig eine Primzahl auszuwählen. Allerdings ist unumstritten, dass es unendlich viele Primzahlen gibt. Der Beweis dazu stammt von EUKLID.

Die Seltenheit der Primzahlen im gesamten Bereich der natürlichen Zahlen fand erst recht spät eine praktische Anwendung. Erst mit dem Aufkommen von elektronischen Rechenmaschinen erlangte die Primzahl und vielmehr die Frage, ob eine beliebig große Zahl eine Primzahl ist und wie man dies möglichst effizient und schnell herausfindet, an Bedeutung.

1.2 Kryptologie

Das größte Anwendungsgebiet heutzutage ist die sogenannte Kryptologie. Diese umfasst die beiden Wissenschaften Kryptografie, welche das Verschlüsseln von Informationen meint und "sich mit der Sicherung von Nachrichten gegen einen unbefugten Zugriff [beschäftigt]" (Karpfinger 2011[KK10], S.1 ; Umstellung: K.K.), und die Kryptoanalyse, welche Methoden und Techniken entwickelt, um die Informationen aus den verschlüsselten Daten zu gewinnen. Der Begriff Krytopgrafie wird aber häufig für Kryptologie verwendet.

Viele der Verfahren, die zur Verschlüsselung in der Kryptologie genutzt werden, beruhen auf dem Nutzen von möglichst großen Primzahlen. Hier haben Zahlen, die prim sind und vorzugsweise mehr als 100 Stellen haben, eine fundamentale Bedeutung.

Eines der bekanntesten Verfahren, welches die Verschlüsselung mittels großer Primzahlen nutzt, möchte ich kurz vorstellen, um einen Alltagsbezug des Themas herzustellen.

1.2.1 RSA-Verfahren

Das Verfahren wurde 1977 von R. L. RIVEST, A. SHAMIR und L. ADLEMAN vorgestellt und zählt zur Klasse der Public-Key-Verfahren, das heißt, der Schlüssel zum Verschlüsseln ist öffentlich zugänglich und funktioniert folgendermaßen:

Möchte der Sender S an den Empfänger E eine Nachricht N senden, so benutzt S einen öffentlichen Schlüssel e von E, den er in einem öffentlichen Verzeichnis findet. Dieser Schlüssel e wird auf N angewendet, und an E wird der erhaltende Code $C = e(N)$ gesendet. Der Empfänger E hat wiederum einen geheimen Schlüssel d, mit dessen Hilfe er aus dem Geheimtext C die Nachricht N wieder herstellen kann, denn $N = d(e(N))$.

Die Sicherheit dieses Verfahrens beruht auf der Tatsache, dass aus dem Code $C = e(N)$ und dem öffentlichen Schlüssel e, keine Rückschlüsse in angemessener Zeit auf die Nachricht N und den geheimen Schlüssel d zu ziehen sind.

Damit die Sicherheit gewährleistet wird, ist es für das Verfahren sehr wichtig, dass es im Allgemeinen sehr schwer ist, eine (beim Verfahren benutzte und öffentlich bekannte) große natürliche Zahl n in ihre Primfaktoren zu zerlegen.

Das hierfür verwendete Kryptosystem ist asymmetrisch und zählt zu der Klasse der Exponentiationschiffren. Die Nachricht N, aufgefasst als Element von $\mathbb{Z}_n$, $n \in \mathbb{N}$, wird über den Sender S verschlüsselt, indem mit dem öffentlichen Schlüssel e von E eine Potenz von N gebildet wird:

$$ S \overset{C=N^e \in \mathbb{Z}_n}{\underset{(n,e)}{\curvearrowright}} E $$

Der Empfänger E hat den geheimen Schlüssel d so bestimmt, dass $C^d = (N^e)^d = N$ ergibt. Zu beachten ist außerdem, dass beide Schlüssel (also sowohl d als auch e) vom Empfänger E stammen. Das heißt, der öffentliche Schlüssel e ist jedem zugänglich, ergo kann jeder eine Nachricht an E schicken. Aber nur der Empfänger E kennt den geheimen Schlüssel d zum Entschlüsseln der Nachricht N. Folgerichtig kann nur E und niemand anderes (nicht einmal der Sender S) seine Nachricht N entschlüsseln.

Für $n \in \mathbb{N}$ mit $\varphi(n)$ als EULERSCHE FUNKTION gilt:

$$\varphi(n) = |\, \mathbb{Z}_n^\times \,| = |\{a \in \mathbb{N}; 1 \leq a \leq n, ggT(a,n) = 1\}\,|,$$

wobei für zwei verschiedenen Primzahlen p und q, $n = pq$ ist.

Die Klartextmenge P und die Geheimtextmenge C sind beides gleich $\mathbb{Z}_n$, die Schlüsselmenge ist mit

$$K = \{e \in \mathbb{N}; ggT(e, \varphi(n)) = 1\}$$

gegeben.

Die Verschlüsselungsfunktion $f_e$mit $e \in K$ ist definiert durch $f_e(N) = N^e$ für $N \in P$. Letztendlich ist die Entschlüsselungsfunktion f_d mit $d \in K$ definiert über $f_d(C) = C^d$ für $C \in$C, wobei gilt, dass $ed \equiv 1 (mod\varphi(n))$. Dabei wird d mit Hilfe des euklidischen Algorithmus zu $e \in K$ bestimmt. Die Entschlüsselung einer verschlüsselten Nachricht N liefert also wieder die Nachricht N selbst:

$$f_d(f_e(N)) = f_d(N^e) = N^{ed} = N$$

Zu beachten ist hierbei, dass die Zahlen $n = pq$ und e öffentlich bekannt sind. Dem potenziellen Angreifer darf die Zahl $\varphi(n) = (p-1)(q-1)$ nicht bekannt sein. Er kann nun, ebenso wie der Empfänger E, unter Nutzung des euklidischen Algorithmus den geheimen Schlüssel d ermitteln. Wählt man die Primzalen p und q allerdings entsprechend groß, ist es im Allgemeinen sehr schwierig, aus der Kenntnis $n = pq$ die Primfaktoren p und q und damit $\varphi(n) = (p-1)(q-1)$ zu ermitteln. In der Praxis werden Primzahlen der Größenordnung 512 Bit gewählt. (vgl. [KK10], Kapitel 7)

Um nun solch einen sicheren Schlüssel d zu erzeugen, werden ausreichend große Primzahlen benötigt. Und genau das ist der zentrale Anknüpfungspunkt zu den Primzahltests. Bisher existiert keine Möglichkeit, Primzahlen zu konstruieren, "also etwa eine effizient berechenbare Funktion $f : \mathbb{N} \to \mathbb{P}$ mit unendlicher Bildmenge." ([KK10], S.141). Daher wird in der Praxis folgendes Vorgehen angewendet: Man wählt eine beliebig große, ungerade natürliche Zahl n und prüft diese, ob sie eine Primzahl ist. Ergibt ein solcher Test, dass dies nicht der Fall ist, überprüft man eine ungerade natürliche Zahl in der Nähe von n. Denn der Primzahlsatz besagt, dass mit einer großen Wahrscheinlichkeit eine Primzahl in der Nähe von n liegt.

2 Primzahltests

Solche Tests zum Überprüfen, ob eine Zahl prim ist, werden als Primzahltests bezeichnet. Dabei unterscheiden sich die verschiedenen Tests sowohl in ihrer Komplexität, als auch in ihrer Genauigkeit. So unterscheidet man zwischen *probabilistischen* oder *randomisierten* Tests, welche aussagen, dass n nur mit einer gewissen Wahrscheinlichkeit wirklich eine Primzahl ist, und *deterministischen* Tests, das heißt, es wird stets ein konkretes Ergebnis geliefert. Wenn der Test also ergibt, dass n eine Primzahl ist, dann ist dies bei deterministischen Tests tatsächlich so, während die probabilistischen nur eine Vermutung aufstellen, dass es mit großer Wahrscheinlichkeit so ist.

Im Folgenden werde ich verschiedene Primzahltests vorstellen und ein Fazit zu ihrer Anwendungstauglichkeit ziehen. Der erste Test, mit dem ich mich beschäftigen möchte, ist nicht nur ein Primzahltest, sondern auch Voraussetzung für andere speziellere Verfahren.

2.1 Probedivision

Bei der Probedivision überprüft man, ob die Zahl n durch eine kleine, bekannte Primzahl p teilbar ist. Effizient wird eine Division mit Rest durchgeführt. Bleibt bei der Division durch p kein Rest, so hat man einen Teiler gefunden, das heißt, n ist keine Primzahl. Die Methode beruht auf dem einfachen *Satz 1*:

> Wenn n eine zusammengesetzte natürliche Zahl ist, dann hat n Primteiler p, der nicht größer ist als $\sqrt{n}$.

> □Den Beweis kann man kurz fassen, indem man n als das Produkt zweier natürlicher Zahlen x und y schreibt, für die jeweils gilt $1 < x, y \leq \sqrt{n}$. Da jede natürliche Zahl $m > 1$ einen Primteiler hat, haben auch x und y Primteiler. Diese müssen auch n teilen, somit folgt die Behauptung. ■ (vgl. Buchmann 2010 [Buc10], S.125).

Ein Beispiel wäre die Zahl $n = 403$; diese wird nacheinander mit Rest durch die bekannten kleinen Primzahlen 2, 3, 5,7, 11 und 13 dividiert. Schlussendlich ergibt sich die $n = 13 \cdot 31$.

Die Überprüfung von großen Zahlen auf Primalität ist prinzipiell möglich. Da man aber alle Primzahlen kleiner gleich $\sqrt{n}$ zur Division durchprobieren muss, ist diese Methode vor allem bei sehr großen Zahlen, wie sie in der Kryptologie bevorzugt werden, ineffizient, da die Bestimmung mit einem großen Aufwand verbunden ist. Die Primzahlen, die für die Division möglich sind, erstellt man typischerweise in einer Liste, meistens mit Hilfe des SIEB DES ERATOSTHENES.

2.2 Siebmethoden

Das SIEB DES ERATOSTHENES gehört zur Klasse der Siebmethoden, welche ein Teilgebiet der analytischen Zahlentheorie sind, welche wiederum der Zahlentheorie angehört. Siebmethoden beschäftigen sich mit den Eigenschaften der ganzen Zahlen, welche mit Addition und vor allem Multiplikation zusammenhängen, also Teilbarkeit, Faktorzerlegung, Restklassen und auch Primzahlen, was in diesem Kontext besonders interessant ist. Inhaltlich befassen sie sich hauptsächlich sowohl mit der Bestimmung der Anzahl aller Zahlen unterhalb einer gegebenen Schranke, wobei die Zahlen alle eine bestimmte Eigenschaft haben, als auch mit der Abschätzung von Summen zahlentheoretischer Funktionen.

2.2.1 Sieb des Eratosthenes

Das SIEB DES ERATOSTHENES ist wohl einer der einfachsten Primzahltests und wohl der älteste bekannte Test, um alle Primzahlen zu ermitteln, die kleiner oder gleich einer vorgegeben Zahl sind. Benannt wurde der Algorithmus nach dem griechischen Mathematiker ERATOSTHENES VON KYRENE, der im 3. Jahrhundert v. Chr. lebte. Allerdings führte dieser nur die Bezeichnung *"Sieb"* für das Verfahren ein, welches schon lange vor seiner Zeit bekannt war. ERATOSTHENES ist ebenfalls für seine recht genaue Berechnung des Erdumfangs bekannt, um die es hier aber in keiner Weise gehen soll.

Die Idee ist, nach und nach alle zusammengesetzten Zahlen bis zu einer bestimmten vorgegebenen Zahl "auszusieben", so dass am Ende nur noch die Primzahlen übrig bleiben. Zur Beschreibung der Vorgehensweise halte ich mich an (Rempe 2009 [RW09], Abschnitt 1.5).

Zuerst werden alle Zahlen von 1 bis zu einer frei gewählten natürlichen Zahl N, welche die obere Schranke darstellt, aufgeschrieben. Danach wird wie folgt verfahren:

- Da 1 keine Primzahl ist, wird sie gestrichen und bei 2 begonnen.

- 2 muss eine Primzahl sein, da als Teiler höchstens 1 und 2 in Frage kommen. Die Vielfachen von 2, angefangen von 4, werden nun gestrichen, da sie nicht prim sein können.

- Die nächste Zahl welche stehen geblieben ist, ist die 3, diese muss also eine Primzahl sein. Analog zu Schritt 2, werden nun alle Vielfachen von 3, beginnend bei 6, gestrichen.

- Die nächste nicht durchgestrichenen Zahl ist 5, und wiederrum werden hier alle Vielfachen der Zahl gestrichen. Dieses Vorgehen wird fortgesetzt bis zu $\sqrt{N}$. Alle Zahlen zwischen $\sqrt{N}$ und N, die keine Primzahlen sind, müssen mindestens einen Faktor besitzen, der höchstens so groß wie $\sqrt{N}$ ist, und wurden somit bereits gestrichen. Siehe dazu auch den Satz und Beweis unter 2.1. Alle nichtgestrichenen Zahlen zwischen 1 und N sind also die Primzahlen.

Das ganze soll an einem Beispiel verdeutlicht werden. Für $N = 400$ sieht das Sieb am Ende wie folgt aus, dabei stehen die unterschiedlichen Graustufen für die einzelnen Siebschritte:

1	2	3	4	5	6	7	8	9	10	11	12	13	14	15	16	17	18	19	20
21	22	23	24	25	26	27	28	29	30	31	32	33	34	35	36	37	38	39	40
41	42	43	44	45	46	47	48	49	50	51	52	53	54	55	56	57	58	59	60
61	62	63	64	65	66	67	68	69	70	71	72	73	74	75	76	77	78	79	80
81	82	83	84	85	86	87	88	89	90	91	92	93	94	95	96	97	98	99	100
101	102	103	104	105	106	107	108	109	110	111	112	113	114	115	116	117	118	119	120
121	122	123	124	125	126	127	128	129	130	131	132	133	134	135	136	137	138	139	140
141	142	143	144	145	146	147	148	149	150	151	152	153	154	155	156	157	158	159	160
161	162	163	164	165	166	167	168	169	170	171	172	173	174	175	176	177	178	179	180
181	182	183	184	185	186	187	188	189	190	191	192	193	194	195	196	197	198	199	200
201	202	203	204	205	206	207	208	209	210	211	212	213	214	215	216	217	218	219	220
221	222	223	224	225	226	227	228	229	230	231	232	233	234	235	236	237	238	239	240
241	242	243	244	245	246	247	248	249	250	251	252	253	254	255	256	257	258	259	260
261	262	263	264	265	266	267	268	269	270	271	272	273	274	275	276	277	278	279	280
281	282	283	284	285	286	287	288	289	290	291	292	293	294	295	296	297	298	299	300
301	302	303	304	305	306	307	308	309	310	311	312	313	314	315	316	317	318	319	320
321	322	323	324	325	326	327	328	329	330	331	332	333	334	335	336	337	338	339	340
341	342	343	344	345	346	347	348	349	350	351	352	353	354	355	356	357	358	359	360
361	362	363	364	365	366	367	368	369	370	371	372	373	374	375	376	377	378	379	380
381	382	383	384	385	386	387	388	389	390	391	392	393	394	395	396	397	398	399	400

Abbildung 1: Sieb des Eratosthenes für N = 400

Die resultierenden Primzahlen zwischen 1 und 400 sind demnach folgende 78:

2 3 5 7 11 13 17 19 23 29 31 37 41 43 47 53 59 61 67 71 73 79 83 89 97 101 103 107 109 113 127 131 137 139 149 151 157 163 167 173 179 181 191 193 197 199 211 223 227 229 233 239 241 251 257 263 269 271 277 281 283 293 307 311 313 317 331 337 347 349 353 359 367 373 379 383 389 397

Diese Methode ist leicht einsehbar für jedermann, deswegen möchte ich im Kapitel 3 noch einmal auf diesen Algorithmus zurückkommen. Des Weiteren lässt sich das Verfahren sehr einfach auf den Computer implementieren und verwenden. Jedoch ist der Algorithmus für die Praxis, mit hunderten oder mehr Stellen, nicht zu gebrauchen, da die Berechnung und Streichung der einzelnen Zahlen zu viel Zeit in Anspruch nimmt. Deswegen ist dieses Verfahren ineffizient.

2.2.2 Sieb von Atkin

Eine Optimierung des SIEB DES ERATOSTHENES ist das SIEB VON ATKIN, welches schneller arbeitet, ebenfalls aber alle Primzahlen bis zu einer gewissen oberen Grenze bestimmt. Der Algorithmus wurde von A. O. L. ATKIN und DANIEL J. BERNSTEIN entwickelt und ist wie folgt aufgebaut. Dabei orientiere ich mich an den Darstellungen von ATKIN & BERNSTEIN 1999 ([AB99]) und 2004 ([AB04]).

- Die erste Festlegung sagt aus, dass alle Reste Modulo 60 Reste sind.

- Alle Zahlen, auch die Variablen x und y, sind natürliche Zahlen.

- In folgender Darstellung bedeutet Invertieren, dass das Merkmal (prim oder nicht-prim) eines Eintrages in der Siebliste zum Gegenteil gewechselt wird.

1. Es wird eine Ergebnisliste erstellt, die mit 2, 3 und 5 gefüllt ist.

2. Es wird eine Siebliste mit allen natürlichen Zahlen erstellt, die am Anfang alle auf das Merkmal "nicht-prim" gesetzt werden.

3. Für jeden Eintrag in der Siebliste wird Folgendes ausgeführt:

   - Falls der Eintrag eine Zahl mit Rest 1, 13, 17, 29, 37, 41, 49, oder 53 enthält, invertiere ihn für jede mögliche Lösung der Gleichung:
   $4x^2 + y^2 = $ Eintragszahl.

   - Falls der Eintrag eine Zahl mit Rest 7, 19, 31, oder 43 enthält, invertiere ihn für jede mögliche Lösung der Gleichung:
   $3x^2 + y^2 = $ Eintragszahl.

   - Falls der Eintrag eine Zahl mit Rest 11, 23, 47, oder 59 enthält, invertiere ihn für jede mögliche Lösung der Gleichung:
   $3x^2 - y^2 = $ Eintragszahl, wobei $x > y$.

4. Begonnen wird bei der kleinsten Zahl.

5. Die nächste Zahl, die in der Siebliste als prim markiert ist, wird der Ergebnisliste zugeführt.

6. Diese Zahl wird quadriert und alle Vielfachen des Quadrates in der Siebliste als nicht-prim gekennzeichnet.

7. Wiederhole Schritt 5-7.

Der im ersten Moment etwas verwirrend aussehende Algorithmus lässt sich schnell und einleuchtend erklären.
Es werden alle Zahlen ignoriert, die durch 2, 3 oder 5 teilbar sind, denn:

- Alle natürlichen Zahlen, die mit Modulo 60 Rest 0, 2, 4, 6, 8, 10, 12, 14, 16, 18, 20, 22, 24, 26, 28, 30, 32, 34, 36, 38, 40, 42, 44, 46, 48, 50, 52, 54, 56, oder 58 ergeben, lassen sich durch 2 teilen und sind somit keine Primzahlen.

- Alle Zahlen mit Modulo 60 Rest 3, 9, 15, 21, 27, 33, 39, 45, 51, oder 57 sind wiederum teilbar durch 3 und daher nicht prim.

- Analog sind alle natürlichen Zahlen mit Modulo 60 Rest 5, 25, 35, oder 55 durch 5 teilbar und somit nicht prim. Diese Reste werden alle ignoriert.

- Des Weiteren haben alle Zahlen mit Modulo 60 Rest 1, 13, 17, 29, 37, 41, 49, oder 53 einen Modulo 4 Rest von 1. Diese Zahlen sind genau dann Primzahlen, wenn die Anzahl an Lösungen für $4x^2 + y^2 = n$ ungerade ist und die Zahl quadratfrei ist.

- Alle natürlichen Zahlen mit Modulo 60 Rest 7, 19, 31, oder 43 haben einen Modulo 6 Rest von 1. Jene Zahlen sind genau dann prim, wenn die Anzahl der Lösungen für $3x^2 + y^2 = n$ ungerade ist und die Zahl wieder quadratfrei ist.

- Entsprechend weisen alle Zahlen mit Modulo 60 Rest 11, 23, 47, oder 59 einen Modulo 12 Rest von 11 auf. Diese Zahlen sind genau dann prim, wenn die Anzahl an Lösungen für $3x^2 - y^2 = n$ ungerade ist. Auch hier wird die Quadratfreiheit vorausgesetzt.

Neben diesen sich recht ähnlichen Siebmethoden, gibt es auch noch andere, so zum Beispiel die Folgenden, welche ich nur kurz erwähnen möchte.

2.2.3 Weitere Siebmethoden

In meinen Recherchen fand ich heraus, dass die BRUNsche Siebmethode vor allem bei der Untersuchung von Primzahlzwillingen, also Primzahlen, die nur durch eine zusammengesetzte Zahl voneinander getrennt werden, Anwendung finden. Primzwillinge sind zum Beispiel $(11; 13)$ oder $(17; 19)$, aber auch $(387; 389)$. Bis heute ist ungeklärt, ob die Menge der Primzwillinge ebenso unendlich ist wie die Menge der Primzahlen selbst.

Mit der BRUNschen Siebmethode, welche 1920 von dem norwegischen Mathematiker VIGGO BRUN in die Zahlentheorie eingeführt wurde, sind untere und obere Abschätzungen möglich, die nahezu auf dem gleichen Weg gewonnen werden können. Im Einzelnen sind sie jedoch recht mühsam.

Eine deutlich einfachere Abschätzung, zumindest nach oben, erhält man durch die SELBERGsche Siebmethode. Aber auch hier beschäftigt sich die Siebmethode mit der Bestimmung von Primzahlzwillingen. ATLE SELBERG war ein Schüler von BRUN und veröffentlichte 1947 seine verbesserte Variante des BRUNschen Siebes.

2.3 Probabilistische Primzahltests

2.3.1 Fermat-Test

Der Primzahltest von FERMAT beruht auf dem kleinen Satz von FERMAT, den ich unter 2.4 noch näher beleuchten möchte. Er dient dazu, zusammengesetzte Zahlen von Primzahlen zu unterscheiden.

Wenn $n \geq 2$ eine beliebige natürliche Zahl ist, kann mit einer beliebigen zu n teilerfremden natürlichen Zahl a mit $1 \leq a < n$, einer sogenannten Basis, überprüft werden, ob $a^{n-1} \equiv 1 \ (mod\,n)$ gilt. Ist die Kongruenz nicht erfüllt, gilt wegen des kleinen Satzes von FERMAT, dass n zusammengesetzt ist. Darauf basiert der folgende Algorithmus, der FERMAT-Test.

- Eingabe: $n \triangleq$ zu testende Zahl; Ergebnis: zusammengesetzt oder keine Aussage

- Wähle (z.B. per Zufall) eine beliebige natürliche Zahl a mit $1 \leq a < n$.

- Falls $ggT(a, n) \neq 1$ ist, ist das Ergebnis zusammengesetzt.

- Ansonsten: Wenn $a^{n-1} \neq 1 \ (mod\,n)$ dann ist das Ergebnis zusammengesetzt, sonst ist das Ergebnis keine Aussage.

Wird der Test mehrfach unter Anwendung verschiedener Basen durchgeführt und tritt immer wieder das Ergebnis "keine Aussage" auf, so kann dieses so interpretiert werden, dass n vermutlich eine Primzahl ist.

Durch den Test können Primzahlen sicher als solche erkannt werden, das garantiert der kleine FERMATsche Satz. Ein Problem ist allerdings, dass der Test einige zusammengesetzte Zahlen nicht als solche erkennt. Diese Zahlen nennt man *Pseudoprimzahlen* zu einer bestimmten Basis a. "Zum Beispiel ist jede ungerade zusammengesetzte Zahl n eine Pseudoprimzahl zur Basis $a = n - 1$. Es gibt aber auch andere Beispiele. Etwa ist $11^{14} = (11^2)^7 = 121^7 \equiv 1^7 = 1 \ (mod\,15)$, obwohl 15 nicht prim ist. Wenn wir also 15 eingeben und zufällig die Basis 11 gewählt wird, dann erkennt der FERMAT-Test 15 nicht als zusammengesetzt." ([RW09], S. 84)

Da der Test probabilistisch ist, sollte er öfter durchgeführt werden, um die Chance von Fehlerkennungen zu minimieren. Die spannende Frage lautet: Wie groß ist die Menge

$$A := \{a \in Tf(n) : a^{n-1} \equiv 1 \ (mod\,n)\ (^\circ)\,,$$

wobei $Tf(n)$ die Funktion der teilerfremden Zahlen zu n ist? Es fällt auf, dass A unter Multipliktation *modulo n* abgeschlossen ist. Dies lässt sich leicht einsehen, denn sind $a, b \in A$, so gilt

$$(a \cdot b)^{n-1} = a^{n-1} \cdot b^{n-1} \equiv 1 \cdot 1 = 1 \ (mod \, n) \,,$$

so ist auch $a \cdot b \ (mod \, n)$ ein Element von A. So ist die Voraussetzung des *Satzes von Lagrange* erfüllt, der da lautet:

> Sei $n \geq 2$ eine natürliche Zahl. Sei $A \subseteq Tf(n)$ eine nicht-leere Menge derart, dass für je zwei (nicht notwendigerweise verschiedene) Elemente k und l von A auch $k \cdot l \ (mod \, n)$ zu A gehört. Dann teilt die Anzahl $\#A$ der Elemente von A die Zahl $\varphi(n)$.

Nun kann man ganz leicht zeigen, dass folgendes *Lemma 1* über die Anzahl der Elemente in A gilt:

> Sei n eine zusammengesetzte Zahl und sei A die in (°) definierte Menge. Gibt es eine Zahl $a \in Tf(n)$, die nicht zu A gehört, so enthält A höchstens $\frac{\varphi(n)}{2}$ Elemente.
>
> □Nach dem Satz von Lagrange gibt es ein $n \in \mathbb{N}$ mit $\varphi(n) = k \cdot \#A$.
>
> Die Voraussetzung bedeutet, dass $k \geq 2$ gelten muss, also $\#A = \frac{\varphi(n)}{k} \leq \frac{\varphi(n)}{2}$.
>
> ■

Das heißt, wenn es eine geeignete Basis a gibt, dann beträgt die Wahrscheinlichkeit, diese zu finden mindestens $\frac{1}{2}$. Wird gezeigt, dass es keine zusammengesetzte Zahl n gibt, die bezüglich jeder teilerfremden Basis Pseudoprimzahl ist, ist bewiesen, dass der FERMAT-Test ein effizienter *Monte-Carlo-Algorithmus* für Zusammengesetztheit ist. Allerdings gibt es solche Zahlen doch, die als *Carmichaelzahlen* bezeichnet werden. $561 = 3 \cdot 11 \cdot 17$ ist die kleinste dieser Art. Darüber hinaus gibt es unendlich viele Carmichaelzahlen. Das heißt, ziemlich viele Zahlen würden als prim bezeichnet werden, obwohl sie es nicht sind, deswegen gibt der Test nie aus, dass es sich bei einer Zahl n definitiv um eine Primzahl handelt. Auf der anderen Seite können aber mit diesem Test auch sehr große zusammengesetzte Zahlen, wenn es sich nicht um Carmichaelzahlen handelt, als solche erkannt werden. (vgl. [RW09], Abschnitt 3.3)

2.3.2 Solovay-Strassen-Test

Ein weiterer probabilistischer Primalitätstest stammt von SOLOVAY und STRASSEN und beruht auf zwei Primzahleigenschaften. Zuerst ist da der *Eulersche-Satz*. Mit diesem Kriterium werden alle Zahlen heraus gesiebt, die weder Primzahlen noch Eulersche Pseudoprimzahlen zur Basis a sind.

Für jede Primzahl $p > 2$ gilt $a^{\frac{p-1}{2}} \equiv \pm 1 \ (mod\,p)$.

Die zweite Eigenschaft verbindet sich mit dem *Legendre-Symbol*:

Für jede Primzahl $p > 2$ gilt $a^{\frac{p-1}{2}} \equiv \left(\frac{a}{p}\right) \ (mod\,p)$.

Da man bei den zu testenden Zahlen nicht davon ausgehen darf, dass es sich um Primzahlen handelt, benutzt man das Jacobi-Symbol. Mit diesem Kriterium fallen auch die Euler-Jacobi-Pseudoprimzahlen heraus.

Der eigentliche Test zur Bestimmung, ob eine Zahl zusammengesetzt oder nicht, und damit prim ist, wird von ihnen wie folgt in (Solovay 1977 [SS77] und Solovay 1978 [SS78]) beschrieben:

> Let n be an odd integer. Take a random number a from a uniform distribution on the set $\{1, 2, ..., n-1\}$. If a and n are relatively prime, compute the residue $e \equiv a^{(n-1)/2} \ [mod\,n]$, where $-1 \le e < n-1$, and the Jacobisymbol $d = (a \mid n)$. If $e = d$, decide that n is prime. If either $gcd(a, n) > 1$ or $e \neq d$ decide that n is composite. Obviously, if n is prime, the decision made will be correct [...] (and) for composite n the probability of an incorrect decision is $\le \frac{1}{2}$.

Dem Test zu Grunde liegender Algorithmus kann immer in weniger als $7 \cdot log\,n$ Schritten terminiert werden, wobei Schritte dabei eine Operation mit "großen Zahlen" meint. Auf den Beweis werde ich nicht eingehen. Formal kann der Test wie folgt beschrieben werden, ich halte mich dabei an die Darstellung in (Graf 1981[Gra81], S.56):

Sei $g := ggT(n, a)$ für $1 \le a < n$ die folgenden Bedingungen:

1. n ist gerade und $n > 2$ oder

2. $g \neq 1$ oder

3. falls $g = 1$ und n ungerade ist, gilt $a^{(n-1)/2} \neq (a \mid n) \ (mod\,n)$.

Es gilt:

- falls ein a existiert, $1 \le a < n$, welches die Bedingungen von g erfüllt, so ist n zusammengesetzt;

- g kann in weniger als $7 \cdot \log n$ Schritten getestet werden;

- für zusammengesetzte n erfüllen mindestens die Hälfte der Zahlen a mit $1 \leq a < n$ die Bedingungen von g.

Wird der SOLOVAY-STRASSEN-Test k-fach durchgeführt, so sinkt der mögliche Fehler auf die $k - te$ Potenz des möglichen Fehlers beim einfachen ausgeführten Test. Der Test liefert, ähnlich wie der FERMAT-Test, bei einer Zahl n die prim ist, immer das richtige Ergebnis, nämlich dass er keine Aussage über die Zahl treffen kann. Ist n keine Primzahl, dann ist die Wahrscheinlichkeit, im ersten Schritt ein a zu wählen, so dass ein falsches Ergebnis geliefert wird, kleiner $\frac{1}{2}$. Die Güte des Tests für Nichtprimzahlen lässt sich leicht erhöhen. Wird der Test mit unabhängigen gewählten zufälligen Basen a hinreichend oft wiederholt, sinkt die Wahrscheinlichkeit, wie schon eben erwähnt, dass in allen Wiederholungen keine Aussage getroffen werden kann, obwohl n keine Primzahl ist. Diese Schätzung ist pessimistisch angelegt, das heißt, in den meisten Fällen wird die Güte deutlich höher sein.

Dennoch ist der Test effizient, da der ggT, die Potenzen und das Jacobi-Symbol effizient berechnet werden können. Die Zahlen n beim SOLOVAY-STRASSEN-Test, die fälschlicherweise nicht als zusammengesetzte Zahl erkannt werden, werden *falsche Zeugen* genannt.

Sei n eine ungerade zusammengesetzte natürliche Zahl und $n > 2$. Dann heißt die Zahl a mit $ggT(n, a) = 1$ falscher Zeuge für die Primalität von n bezüglich des SOLVAY-STRASSEN-Primzahltests, wenn $a^{(n-1)/2} \equiv J(n, a) \ (mod\, n)$. Für $n = 91$ sind also zum Beispiel $a = 17$ oder $a = 29$ falsche Zeugen. Die Menge dieser falschen Zeugen bildet eine Untergruppe der multiplikativen Gruppe $(\mathbb{Z}/n)^*$ mit Ordnung $\leq \frac{\varphi(n)}{2}$. Die Eulersche φ-Funktion beschreibt hier wieder die Anzahl der teilerfremden Zahlen kleiner n. Da darüber hinaus $\varphi(n) < n$ gilt, sind höchstens die Hälfte aller zur Auswahl stehenden Basen a falsche Zeugen. Hieran lässt sich leicht erkennen, dass bei k Durchläufen eine Fehlerwahrscheinlichkeit von kleiner als $\frac{1}{2^k}$ erreicht wird. (vgl. Ribenboim 2011 [Rib11], S. 97f)

2.3.3 Miller-Rabin-Test

Fast zeitgleich zu SOLOVAY und STRASSEN fand RABIN ebenfalls einen probabilistischen Primzahltest heraus. Die Bedingungen, die er hierfür nutzte, stammten ursprünglich von MILLER, weswegen man heute von dem MILLER-RABIN-Test spricht. In ihrer Funktionsweise ähneln sich die beiden Test stark, allerdings ist der Test von GARY L. MILLER und MICHAEL O. RABIN dem von ROBERT M. SOLOVAY und VOLKER STRASSEN in allen Aspekten überlegen. Er ist schneller, die Irrtumswahrscheinlichkeit ist geringer und jede Zahl, die der SOLOVAY-STRASSEN-Test als zusammengesetzt erkennt, wird auch vom MILLER-RABIN-Test als solche erkannt. MILLERS Idee lässt sich in einem Satz wiedergeben, allerdings braucht man für dessen Diskussion eine *Hypothese*, die da lautet:

Sei $d \equiv 1 \ (mod \ 4)$ Primzahl oder das Produkt zweier verschiedener Primzahlen. Es gibt eine von d unabhängige Konstante $c > 0$ so, dass stets eine $a \in \mathbb{N}$, $a < c(log \ d)^2$ existiert mit dem Jacobisymbl $\left(\frac{a}{d}\right) = -1$.

Wegen der Multiplikativität des Jacobisymbols kann man sich auf Primzahlen a beschränken. Mittels dieser Hypothese kann nun der Primzahltest von MILLER aufgeschrieben werden.

Sei $n > 4$ eine ungerade natürliche Zahl und sei $n - 1 = 2^t u$, $t, u \in \mathbb{N}$, $2 \nmid u$.

Die Hypothese sei erfüllt. n ist genau dann eine Primzahl, wenn für alle Primzahlen $a < 2(log \ n)^2$ gilt:

$$a^u \equiv 1 \ mod \ n \tag{1}$$

oder es existiert ein $j \in \mathbb{Z}$ mit $0 \le j < t$ und

$$a^{2^j \cdot u} \equiv -1 \ mod \ n. \tag{2}$$

Nach diesen Kongruenzen gilt in jedem Fall $a^{n-1} \equiv 1 \ mod \ n$, sie können also auch als Verschärfung des Satzes von FERMAT gelten. Diese Idee von MILLER gelangte durch RABINs nun folgende Variante zu größerer praktischer Bedeutung:

Wenn $n \in \mathbb{N}$, $n > 9$ ungerade und keine Primzahl ist, sind die Kongruenzen (1) und (2) für höchstens ein Viertel aller primen Restklassen $mod \ n$ erfüllt.

Wird die Gültigkeit der Kongruenzen (1) und (2) anhand von N unabhängig zufällig gewählten Basen a getestet, so gilt:

1. Wenn für ein a weder (1) noch (2) erfüllt ist, ist n mit Sicherheit nicht prim.

2. Wenn für alle a (1) oder (2) erfüllt sind, ist n eine Primzahl mit einer Irrtumswahrscheinlichkeit von $\le 4^{-N}$.

Bereits bei 100 verschiedenen Zufallszahlen wird die Fehlerwahrscheinlichkeit mikroskopisch klein. Da davon auszugehen ist, dass selbst determinierte Primzahltests eine gewisse - wesentlich schlechter kontrollierbare - Wahrscheinlichkeit aufweisen, dass der mathematische Koprozessor nicht korrekt arbeitet oder dass ein "virus inside" vorliegt, kann man diesen Monte-Carlo-Primzahltest getrost akzeptieren. Vor allem in der Praxis ist der Test bedeutend, in dem weiter oben vorgestellten bekannten kryptologischen RSA-Verfahren wird der MILLER-RABIN-Test genutzt, um große Primzahlen zu ermitteln. Theoretisch ist es zwar möglich, dass versehentlich eine zusammengesetzte Zahl als Primzahl genutzt wird. Die Wahrscheinlichkeit dafür ist aber so gering, dass sie in der Praxis keine Rolle spielt. (vgl. [Wol11], Abschnitt 5.3)

2.4 Primzahltests beruhend auf dem kleinen Satz von Fermat

Nachdem nun allgemein probabilistische Primzahltests vorgestellt wurden, soll es in diesem Abschnitt um solche Tests gehen, die auf dem *kleinen Satz von* FERMAT beruhen. Daher möchte ich diesen zunächst noch einmal nennen und im Anschluss beweisen.

"Sei p eine Primzahl und $a \in \mathbb{Z}$. Dann gilt $a^p \equiv a \ (mod \, p)$. Ist a kein Vielfaches von p, so ist insbesondere $a^{p-1} \equiv 1 \ (mod \, p)$ und daher $ord_p(a)$ ein Teiler von $p - 1$." ([RW09], S.75)

Für den Beweis braucht man einige Lemmata und Folgerungen, die ich im Vornhinein nennen möchte.

Lemma 2: Teilbarkeit von Binomialkoeffizienten:

Wenn p eine Primzahl und $1 \leq k \leq p - 1$ ist, so gilt $\binom{p}{k} \equiv 0 \ (mod \, n)$.

Kürzungsregel:

Sei $n \geq 2$ und seien $a, b, c \in \mathbb{Z}$ mit $a \cdot b \equiv a \cdot c \ (mod \, n)$. Sind dann a und n teilerfremd, so gilt auch $b \equiv c \ (mod \, n)$. Insbesondere ist das Inverse der Zahlen "*modulo* n eindeutig", das heißt, verschiedene Inverse lassen beim Teilen durch n den gleichen Rest.

Sei $n \geq 2$ und sei $a \in \mathbb{Z}$ zu n teilerfremd. Dann gibt es eine Zahl $k \geq 1$ mit $a^k \equiv 1 \ (mod\,n)$.

Die kleinste solche Zahl wird *Ordnung von a modulo n* genannt und mit $ord_n(a)$ bezeichnet.

Für ganze Zahlen $k_1, k_2 \geq 0$ gilt $a^{k_1} \equiv a^{k_2} \ (mod\,n)$ genau dann, wenn k_2 und k_1 sich um ein Vielfaches von $ord_n(a)$ unterscheiden.

☐Bei der Beweisführung genügt es, den Satz nur für positive Zahlen a zu zeigen (ansonsten wird a durch eine kongruente nicht-negative Zahl ersetzt, zum Beispiel den eigenen Rest bei der Division durch p). Mittels vollständiger Induktion kann gezeigt werden, dass $a^p \equiv a \ (mod\,p)$ für alle $a \in \mathbb{N}_0$ ist. Für den Indukionsanfang, den Fall $a = 0$ ist $a^p = 0 = a$.

Nach dem binomischen Lehrsatz gilt: $(a+1)^p = \sum_{i=o}^{p} \binom{p}{i} a^{p-i}$.

Mit Lemma 2 sind $\binom{p}{1}, ..., \binom{p}{p-1}$ alle durch p teilbar, es bleiben *modulo p* nur die Terme für $i = 0$ und $i = p$ übrig. Nach der Induktionsvoraussetzung ist außerdem $a^p \equiv a \ (mod\,p)$, das ergibt also insgesamt

$$(a+1)^p \equiv a^p + 1 \equiv a + 1 \ (mod\,p).$$

Damit ist die Induktion abgeschlossen und der erste Teil des kleinen Satzes von FERMAT bewiesen.

Ist a nicht durch p teilbar, so kann mit Hilfe der Kürzungsregel in $a^p \equiv a(mod\,p)$ durch a geteilt werden. Wie behauptet, wird $a^{p-1} \equiv 1(mod\,p)$ erhalten. Mit Lemma 3 ist dann $ord_p(a)$ ein Teiler von $p - 1$. ∎

(vgl. [RW09], Abschnitt 3.2)

2.4.1 Lucas-Test

1876 gelang ÉDOUARD LUCAS die nachstehende Umkehrung des kleinen Satzes von FERMAT. Diese bildete einen Vorläufer des LUCAS-Tests. In meinen Ausführungen stütze ich mich auf die Aufzeichnungen (Brillhart 1975 [BLS75]).

Eine natürliche Zahl n ist genau dann eine Primzahl, wenn es ein a mit $1 < a < n$ gibt, für das $a^{n-1} \equiv 1 \ (mod\,n)$ sowie $a^m \neq 1 \ (mod\,n)$ für alle natürliche Zahlen $m < n - 1$ gilt.

Das erhaltene Ergebnis lässt sich allerdings nur schwer anwenden, da sehr viele m geprüft werden müssen. Deswegen verbesserte LUCAS den Satz 1891 und erhielt den nach ihm benannten Primzahltest:

> Eine natürliche Zahl n ist genau dann prim, wenn es ein a mit $1 < a < n$ gibt, für das $a^{n-1} \equiv 1 \ (mod\,n)$ sowie $a^m \neq 1 \ (mod\,n)$ für alle echten Teiler $m < n - 1$ von $n - 1$ gilt.

In dieser überarbeiteten Variante müssen nur noch alle Teiler von $n-1$ getestet werden, es sind also erheblich weniger Rechenschritte notwendig. Ein großer Nachteil dieses Tests ist jedoch, dass man die Primfaktorzerlegung von $n - 1$ kennen muss, das heißt, $n - 1$ muss faktorisiert werden. Untersucht man aber Zahlen mit einem besonderen Aufbau, wie dies bei Zahlen der Form $2k + 1$ der Fall ist, erweist sich die Methode als sehr effizient. Allerdings gilt auch hier, wie bei den anderen vorher vorgestellten probabilistischen Primzahltests, dass, wenn die Bedingung des LUCAS-Tests für eine Basis a nicht erfüllt ist, nicht folgt, dass die Zahl n zusammengesetzt ist. Hierfür müsste man nämlich alle Basen $1 < a < n$ testen, was einen enormen Zeitaufwand darstellen würde und nicht mehr effizient wäre.

Wird der LUCAS-Test beispielsweise für $n = 59$ angewendet, ergibt sich, dass $2^{58} \equiv 1 \ (mod\,59)$ ist. Die echten Teiler von $n - 1 = 58$ sind 1, 2 und 29. Weiter gilt $2^1 \equiv 2 \ (mod\,59)$, $2^2 \equiv 4 \ (mod\,59)$ und $2^{29} \equiv -1 \ (mod\,59)$. Es folgt, dass 59 eine Primzahl ist.

Der LUCAS-Test regte weiter zur Forschung und Verbesserung an, so fand DERRICK LEHMER 1953 den verbesserten LUCAS-Test und 1967 wurde eine weitere Version, genannt der flexible LUCAS-Test, von JOHN BRILLHART und JOHN L. SELFRIDGE entdeckt. Der verbesserte LUCAS-Test beruht auf folgender Eigenschaft:

> n ist genau dann eine Primzahl, wenn es eine natürliche Zahl a mit $1 < a < n$ gibt, für die $a^{n-1} \equiv 1 \ (mod\,n)$ sowie $a^{\frac{n-1}{q_i}} \neq 1 \ (mod\,n)$ für alle Primfaktoren q_i von $n - 1$ gilt.

Der flexible LUCAS-Test macht sich anschließende Eigenschaft zunutze:
Für die natürliche Zahl n sei die Primfaktorzerlegung von $n - 1$ gegeben durch $n - 1 = q_1^{e_1} \cdot \ldots \cdot q_r^{e_r}$.

> Dann gilt: n ist genau dann eine Primzahl, wenn es zu jedem Primfaktor q_i eine natürliche Zahl a_i mit $1 < a_i < n$ gibt, für die $a_i^{n-1} \equiv 1 \ (mod\,n)$ sowie $a_i^{\frac{n-1}{q_i}} \neq 1 \ (mod\,n)$ gilt.

2.4.2 Pépin-Test

Wird der verbesserte LUCAS-Test auf FERMAT-Zahlen angewendet, so spricht man vom PÉPIN-Test. Grundlagen liefern die Arbeiten von THÉOPHILE PÉPIN, FRANÇOIS PROTH und ÉDOUARD LUCAS. Der Test prüft, ob natürliche Zahlen der Form $F_k := 2^{2^k} + 1$ Primzahlen sind oder nicht und beruht auf nachfolgendem Satz:

$F_k$ist für $k \geq 1$ genau dann eine Primzahl, wenn die Kongruenz $3^{(F_k-1)/2} \equiv -1 \ (mod \, F_k)$ erfüllt ist. Da $F_0 = 3$ ist, gilt der Satz nicht für $k = 0$. Für $k = 1$ ist $F_k = 5$ und es gilt $3^2 = 9 \equiv -1 \ (mod \, 5)$. Für die Berechnung von größeren k-Werten wird der modulo-Befehl schon in den Zwischenschritten benutzt.

$\square$" $\Rightarrow$ " Ist für ein $k \geq 1$ eine FERMAT-Zahl F_k prim, so gilt nach dem Eulerschen Kriterium für das Legrende-Symbol die Kongruenz

$$3^{(F_k-1)/2} \equiv \left(\frac{3}{F_k} \right) \ (mod \, F_k).$$

Aufgrund des quadratischen Reziprozitätsgesetzes gilt

$$\left(\frac{3}{F_k} \right) = \left(\frac{F_k}{3} \right) = \left(\frac{2}{3} \right) = -1.$$

Hierbei wurden die Kongruenzen $F_k \equiv 1 \ (mod \, 4)$ und $F_k \equiv 2 \ (mod \, 3)$, welche mit Induktion gezeigt werden können, an dieser Stelle aber als gegeben hingenommen werden, benutzt. Nun muss noch die Gegenrichtung bewiesen werden.

" $\Leftarrow$ " Angenommen $3^{(F_k-1)/2} \equiv -1 \ (mod \, F_k)$ gilt, dann folgt durch Quadrieren $3^{F_k-1} \equiv 1 \ (mod \, F_k)$. Nach dem verbesserten LUCAS-Test folgt nun, das F_k eine Primzahl ist. Die Anwendung des verbesserten LUCAS-Test ist in diesem Fall besonders einfach, da $F_k - 1$ nur einen Primteiler, die 2, hat. $\blacksquare$

(vgl. Pépin 1877 [Pép77] und [Rib11], S. 71f)

Ein Beispiel soll mit Hilfe des PÉPIN-Tests zeigen, dass F_k für $k = 3$ eine Primzahl ist.

$$F_3 = 2^{2^3} + 1 = 2^8 + 1 = 257$$

Schrittweise wird jetzt $3^{128} \ (mod\,257)$ berechnet:

$$
\begin{aligned}
3^8 &= & 6561 &\equiv & -121 \ (mod\,257)\\
3^{16} &\equiv & (-121)^2 &\equiv & -8 \ (mod\,257)\\
3^{32} &\equiv & (-8)^2 &\equiv & 64 \ (mod\,257)\\
3^{64} &\equiv & 64^2 &\equiv & -16 \ (mod\,257)\\
3^{128} &\equiv & (-16)^2 = 256 &\equiv & -1 \ (mod\,257)
\end{aligned}
$$

Dieser Test ist nur für FERMAT-Zahlen einsetzbar, er ist damit schon sehr eingegrenzt, ist aber für diese Art von Zahlen und die Ermittlung ihrer Primalität sehr gut geeignet.

2.4.3 Lucas-Lehmer-Test

Der LUCAS-LEHMER-Test wurde 1930 von DERRICK LEHMER gefunden und geht auf ÉDOUARD LUCAS im Jahre 1878 zurück. Der Primzahltest beruht auf der Eigenschaft der LUCAS-Folgen und ist speziell auf die Untersuchung von Mersenne-Zahlen ausgerichtet. *Mersenne-Zahlen* sind Zahlen, die der Form $M_n = 2^n - 1$ entsprechen. Praktische Anwendung findet der Test im sogenannten GIMPS-Projekt (engl.: Great Internet Mersenne Prime Search), dieses beschäftigt sich mit der Suche von bisher unbekannten Mersenne-Primzahlen. Der Praxisbezug spiegelt auch die Effizienz des Testes, zumindest bei der Untersuchung von Mersenne-Zahlen, für welche er entwickelt wurde, wider. (vgl. [Rib11], Abschnitt 2.IV und 2.V)

Der Primalitätstest von LUCAS und LEHMER eignet sich zum Testen von Mersenne-Zahlen ab M_3. Der Test basiert ganz wesentlich darauf, dass die Mersenne-Zahlen im Dualsystem nur aus Einsen bestehen und kann daher wie nachfolgend beschrieben werden.

"Es sei $S_1 = 4$ und für $k \geq 2$ sei $S_k := S_{k-1}^2 - 2$. Ist p prim, so ist die Mersenne Zahl $2^p - 1$ genau dann eine Primzahl, wenn sie ein Teiler von S_{p-1} ist." (Deiser 2011[DLV$^+$11], S.64)

Mit Hilfe der Kongruenzschreibweise lässt sich der Satz noch wie folgt formulieren:

Sei $S(1) = 4$, $S(k+1) \equiv S(k)^2 - 2 \ (mod\,M_p)$. Dann gilt: M_p ist genau dann eine Primzahl, wenn $S(p-1) \equiv 0 \ (mod\,M_p)$.

Mit Hilfe des Testes soll nun noch untersucht werden, ob $M_{19} = 2^{19} - 1 = 524287$ eine Primzahl ist.

$$S(1) \equiv \qquad\qquad 4$$

$$S(2) \equiv \qquad (4^2 - 2)\,(mod\,524287) \equiv \qquad 14$$

$$S(3) \equiv \qquad (14^2 - 2)\,(mod\,524287) \equiv \qquad 194$$

$$S(4) \equiv \qquad (194^2 - 2)\,(mod\,524287) \equiv \qquad 37634$$

$$S(5) \equiv \qquad (37634^2 - 2)\,(mod\,524287) \equiv \qquad 218767$$

$$S(6) \equiv \qquad (218767^2 - 2)\,(mod\,524287) \equiv \qquad 510066$$

$$S(7) \equiv \qquad (510066^2 - 2)\,(mod\,524287) \equiv \qquad 386344$$

$$S(8) \equiv \qquad (386344^2 - 2)\,(mod\,524287) \equiv \qquad 323156$$

$$S(9) \equiv \qquad (323156^2 - 2)\,(mod\,524287) \equiv \qquad 218526$$

$$S(10) \equiv \qquad (218526^2 - 2)\,(mod\,524287) \equiv \qquad 504140$$

$$S(11) \equiv \qquad (504140^2 - 2)\,(mod\,524287) \equiv \qquad 103469$$

$$S(12) \equiv \qquad (103469^2 - 2)\,(mod\,524287) \equiv \qquad 417706$$

$$S(13) \equiv \qquad (417706^2 - 2)\,(mod\,524287) \equiv \qquad 307417$$

$$S(14) \equiv \qquad (307417^2 - 2)\,(mod\,524287) \equiv \qquad 382989$$

$$S(15) \equiv \qquad (382989^2 - 2)\,(mod\,524287) \equiv \qquad 275842$$

$$S(16) \equiv \qquad (275842^2 - 2)\,(mod\,524287) \equiv \qquad 85226$$

$$S(17) \equiv \qquad (85226^2 - 2)\,(mod\,524287) \equiv \qquad 523263$$

$$S(18) \equiv \qquad (523263^2 - 2)\,(mod\,524287) \equiv \qquad 0$$

Da $S(18) = 0$ ist, ist $M_{19} = 524287$ eine Primzahl. Diese wurde bereits 1603 entdeckt. Damit komme ich schon zum letzten großen Primzahltest, den ich, wie schon in der Einleitung angekündigt, etwas näher erklären möchte. Es geht jetzt weg von den probabilistischen Primzahltests, hin zu einem determinisierten und sehr neuen, ja fast schon revolutionären Primalitätstest.

2.5 AKS-Methode

Die AKS-Methode oder besser der AKS-Algorithmus wurde im Jahre 2002 von den indischen Informatikern AGRAWAL, KAYAl und SAXENA vorgestellt. NEERAJ KAYAL und NITIN SAYENA waren damals Studenten von MANINDRA AGRAWAL. Bei dem Algorithmus handelt es sich um den ersten deterministischen Primzahltest mit polynomialer Laufzeit. Das Erstaunliche an diesem Test ist, dass er mit nur geringen Vorbereitungen von jedem verstanden werden kann, der mathematikinteressiert ist, obwohl Fachleute schon lange erfolglos nach einem solchen Test geforscht haben. Dies möchte ich in den nachfolgenden Ausführungen versuchen zu zeigen.

2.5.1 Ausgangspunkt der AKS-Methode

Dieses erste Unterkapitel zur AKS-Methode orientiert sich stark an der Abhandlung in [RW09], Abschnitt 5.1.

Wie auch schon bei den vorangegangenen Tests, wie zum Beispiel dem FERMAT-Test oder dem Algorithmus von MILLER und RABIN, ist der Ausgangspunkt eine Eigenschaft von Primzahlen. Dieses Mal handelt es sich allerdings um eine Erweiterung des kleinen Satzes von FERMAT auf Polynome. Der FERMAT *für Polynome* lautet wie folgt:

> "Es sei p eine Primzahl. Dann gilt $(P(X))^p \equiv P(X^p) \ (mod\,p)$ für alle Polynome P mit ganzzahligen Koeffizienten." ([RW09], S. 125)
>
> Zum Beispiel für $p = 3$ und $P = X + 1$ ist
> $(X + 1)^3 = X^3 + 3X^2 + 3X + 1 \equiv X^3 + 1 \ (mod\,3)$.
>
> Oder für $p = 5$ und $P = X - 1$ gilt
> $(X - 1)^5 = X^5 - 5X^4 + 10X^3 - 10X^2 + 5X - 1 \equiv X^5 - 1 \ (mod\,5)$.

Dass es sich tatsächlich um eine Verallgemeinerung des kleinen Satzes von FERMAT handelt, lässt sich leicht erkennen, wenn die Behauptung noch einmal genauer betrachtet wird. Ist $P = a$ mit $a \in \mathbb{Z}$ ein konstantes Polynom, so besagt sie genau, dass $a^p \equiv a \ (mod\,p)$ gilt.

Irrtümlicherweise liegt auch die Vermutung nahe, dass umgekehrt das Resultat direkt aus dem kleinen FERMATschen Satz folgt. Denn es gilt $(P(x))^p \equiv P(x) \equiv P(x^p) \ (mod\,p)$ für alle ganzen Zahlen x. In dem FERMATsatz für Polynome wurde aber die Kongruenz von Polynomen über die Kongruenz ihrer Koeffizienten definiert und diese ist nicht gleichbedeutend mit der gerade gezeigten Kongruenz. Das heißt, es muss noch ein Beweis als Induktion über den Grad d des Polynoms P geführt werden.

$\square$Der Induktionsanfang ist einfach: setzt man $d = 0$, so ist P konstant und die Behauptung folgt aus dem kleinen Satz von FERMAT.

Für den Induktionsschritt gelte der Satz nun für alle Polynome des Grades höchstens d und P sei ein ganzzahliges Polynom des Grades $d + 1$. Dann gibt es ein Polynom Q, das aus P durch Weglassen des höchsten Terms erhalten wird. Das heißt, Q ist ein Polynom des Grades höchstens d und $P = aX^{d+1} + Q$, für ein geeignetes $a \in \mathbb{Z}$. Der binomische Lehrsatz ergibt:

$$
\begin{aligned}
(P(X))^p &= \left(aX^{d+1} + Q(X)\right)^p \\
&= \left(aX^{d+1}\right)^p + \left(\sum_{k=1}^{p-1}\binom{p}{k}\left(aX^{d+1}\right)^k (Q(X))^{p-k}\right) + (Q(X))^p
\end{aligned}
$$

Betrachtet man die Terme der Reihe nach, so ergibt sich mit dem kleinen Satz von FERMAT:

$$\left(aX^{d+1}\right)^p = a^p \left(X^{(d+1)}\right)^p = a^p X^{p(d+1)} = a^p \left(X^p\right)^{d+1} \equiv a \left(X^p\right)^{d+1} \ (mod\,p)$$

Weiter ergibt sich, mit dem bereits im Kapitel 2.4 verwendeten Lemma 2 über die Teilbarkeit der Binomialkoeffizienten, für die Binomialkoeffizienten $\binom{p}{k}$ in der großen Summe, dass diese alle durch p teilbar sind und demnach die Summe kongruent zu Null *modulo* p ist. Schlussendlich ergibt sich noch nach Induktionsvoraussetzung, dass $(Q(X))^p \equiv Q(X)^p$ gilt. Insgesamt folgt daraus

$$(P(X))^p \equiv a(X^p)^{d+1} + 0 + Q(X^p) = P(X^p) \ (mod\,p)$$

wie behauptet wurde. ∎

Analog zu der Existenz der Carmichaelzahlen beim FERMATschen Primzahlentest ergibt sich die Frage, ob es zusammengesetzte Zahlen gibt, die den FERMAT für Polynome für jedes Polynom erfüllen. Dies ist aber nicht der Fall. Weiter stellt sich die Frage, bezugnehmend auf den eben geführten Beweis, wie es bei einer zusammengesetzten Zahl n mit der Teilbarkeit von $\binom{n}{k}$ durch n aussieht. Mit Hilfe des Pascalschen Dreieckes ergibt sich folgendes *Lemma 4*:

Es sei $n \geq 2$ eine natürliche Zahl und p ein Primteiler von n. Dann wird $\binom{n}{p}$ nicht von n geteilt.

Hieraus folgt aber sofort ein *Satz über das Primzahlkriterium*.

Es sei $n \geq 2$ eine natürliche Zahl und es sei $a \in \mathbb{N}$ zu n teilerfremd. Dann ist n genau dann eine Primzahl, wenn die Kongruenz $(X+a)^n \equiv X^n + a \ (mod\,n)$ erfüllt ist.

☐ Ist n eine Primzahl, so folgt ganz klar die Kongreunz aus dem kleinen Satz von FERMAT für Polynome. Ist aber n eine zusammengesetzte Zahl, so besitzt n einen Primteiler $p < n$. Nach dem binomischen Lehrsatz ist der $p - te$ Koeffizient von $(X+a)^n$ gegeben durch $a^{n-p}\binom{n}{p}$. Dieser Koeffizient ist nur durch n teilbar, denn a ist zu n teilerfremd und $\binom{n}{p}$ ist nach eben aufgestelltem Lemma 4 nicht durch n teilbar. Darüber hinaus ist der $p - te$ Koeffizient von $X^n + a$ gleich Null. Also ist $(X+a)^n \not\equiv X^n + a \ (mod\,n)$.

∎

Der Satz wurde nur für Polynome ersten Grades formuliert, er ist aber auf Polynome beliebigen Grades, deren Koeffizienten alle zu n teilerfremd sind, übertragbar. Die Kongruenz $(P(X))^n \equiv P(X^n) \ (mod \, n)$ ist also für viele Polynome P äquivalent dazu, dass n eine Primzahl ist.

An dieser Stelle sollte beachtet werden, dass der Satz über das Primzahlkriterium nur auf den ersten Blick wie eine starke Aussage gilt. Denn soll ein Zahl n auf ihre mögliche Primalität getestet werden, wird einfach eine beliebige zu n teilerfremde Zahl a gewählt und überprüft, ob die im Satz vorgestellte Kongruenz erfüllt ist. Jedoch ist diese Methode keinesfalls praktikabel. Im ungünstigsten Fall müssten bis zu n Koeffizienten überprüft werden. Der Aufwand ist demnach exponentiell in $log \, n$ und somit von derselben Größenordnung wie die Ausführung des SIEBS DES ERASTOSTHENES, welches bereits im Kapitel 2.2.1 als ineffizient bei großen Zahlen ausgewiesen wurde.

Trotz dieser Einschränkung wird dennoch der FERMATsche Satz für Polynome verwendet, um einen deterministischen und effizienten Primzahltest zu erhalten. Die Idee, die hinter dem Grundstein für den AKS-Algorithmus steckt, ist, die Kongruenz $(P(X))^n \equiv P(X^n) \ (mod \, n)$ modulo eines geeigneten Polynoms Q kleinen Grades zu untersuchen. Um die Potenz $(P(X))^n$ zu berechnen, wird in jedem Schritt $modulo \, Q$ reduziert. Auf diese Weise lässt sich die Kongruenz $modulo \, Q$ auf effiziente Art überprüfen. Noch einmal zusammengefasst heißt das also, es wird auf geeignete Art und Weise ein Polynom P mit ganzzahligen Koeffizienten und ein Polynom Q, dessen Grad polynomiell in $log \, n$ beschränkt ist, ausgewählt. Danach wird überprüft, ob $(P(X))^n \equiv P(X^n) \ (mod \, n, Q)$ gilt. Ist dies nicht der Fall, so ist nach dem FERMATsatz für Polynome bekannt, dass n keine Primzahl ist. Es kann trotz allem passieren, dass in einigen Fällen die genannte Kongruenz auch für zusammengesetzte Zahlen erfüllt ist. Durch das Überprüfen von relativ wenigen, geschickt gewählten Polynomen P und Q soll aber jede zusammengesetzte Zahl als solche erkannt werden.

2.5.2 Die Grundstruktur des AKS-Algorithmus

Die im vorangegangenen Unterkapitel aufgestellten Zusammenhänge, insbesondere die Kongruenz $(P(X))^n \equiv P(X^n) \ (mod \, n, Q)$, müssen nun untersucht werden, wobei P und Q Polynome sind und n eine zusammengesetzte Zahl ist. Dabei werde ich mich auf die Formulierungen in [KK10], Abschnitt 8.4.2 und 8.4.3 und [RW09], Abschnitt 5.2. konzentrieren. Zur Einfachheit soll im Folgenden gelten: $R := (P(X))^n - P(X^n)$, sodass sich die eben genannte Kongruenz als $R \equiv 0 \ (mod \, n, Q)$ lesen lässt. Die Untersuchung dieser Kongruenz über modulo der zusammengesetzten Zahl n wird mit einem Trick umgangen. Anstatt der Zahl n wird ein Primfaktor p von n betrachtet. Wird (effizient) ein P und Q derart gefunden werden, dass $R \neq 0 \ (mod \, p, Q)$, so gilt erst recht $R \neq 0 \ (mod \, n, Q)$.

Das Vorgehen ist zu erst etwas befremdlich, da der Primfaktor p bei der Ausführung des

Algorithmus im Allgemeinen nicht bekannt ist. Sonst wäre ja bereits bekannt, dass n zusammengesetzt ist. Mit der Tatsache, dass p nicht explizit bei der Formulierung des Algorithmus verwendet werden kann, ändert sich aber nichts an dem mathematischen Fakt, dass solch ein Primfaktor existiert. Nur das Wissen, dass es solch einen Primfaktor gibt, wird in den weiteren Gedanken berücksichtigt werden.

In Rückblick auf die Erkenntnisse des vorherigen Kapitels ist bekannt, dass für eine zusammengesetzte Zahl n stets Polynome P existieren, derart, dass $R \neq 0 \ (mod \, n)$ gilt. Fraglich ist, ob das immer noch gilt, wenn n durch einen Primfaktor p ersetzt wird. Es ergibt sich, dass zwei Fälle unterschieden werden müssen. Zum einen, wenn gilt, dass n zwei verschiedene Primteiler p und q besitzt, so gilt ebenfalls immer noch $(X + a)^n \neq X^n + a \ (mod \, p)$ für jede zu n teilerfremde Zahl a. Zum anderen kann aber auch p der einzige Primteiler von n sein, es gilt also $n = p^k$ für ein $k > 1$, dann ergibt sich folgende Situation nach dem FERMAT für Polynome:

Für alle $m \geq 1$ gilt $(P(X))^{p^m} \equiv P\left(X^{p^m}\right) \ (mod \, p)$.

Insbesondere ist $(P(X))^n \equiv P(X^n) \ (mod \, p)$, das heißt, eine solche Zahl n lässt sich mit Hilfe der Kongruenz $R \neq 0 \ (mod \, p, Q)$ niemals als zusammengesetzt erkennen. Betrachtet man das Problem allerdings algorithmisch, stellt es kein großes Problem dar, da sich Potenzen einer natürlichen Zahl effizient erkennen lassen. Es ist also sinnvoll, gleich zu Beginn des Algorithmus solche Zahlen auszuschließen. Dann müssen im Folgenden nur noch zusammengesetzte Zahlen betrachtet werden, die wenigstens zwei verschiedene Primfaktoren besitzen. Mit dieser Regelung lässt sich der oben eingeführte Trick erfolgreich durchführen.

Die Auswahl der Polynome P und Q will darüber hinaus auch gekonnt erfolgen. Zwei Varianten erscheinen am sinnvollsten aus der Vielzahl der Möglichkeiten.

(A)   Es wird ein festes Polynom P gewählt, das den Voraussetzungen des Primzahlkriteriums genügt, zum Beispiel $P = X - 1$. Danach wird die Kongruenz $(P(X))^n \equiv P(X^n) \ (mod \, n, Q)$ für eine kleine Anzahl von Polynomen Q getestet.

(B)   Es wird ein passendes Polynom Q zu Beginn gefunden und die Kongruenz $(P(X))^n \equiv P(X^n) \ (mod \, n, Q)$ für eine kleine Anzahl von Polynomen P untersucht.

(A) ist darüber motiviert, dass bereits bekannt ist, dass das feste Polynom P modulo n und auch modulo p nicht zu Null kongruent ist. Daraus ergibt sich eine Erwartungshaltung, die annimmt, nicht allzu viele verschiedene Polynome Q testen zu müssen, um eines zu finden, welches kein Teiler von R modulo p ist und daher die Kongruenz $R \neq 0 \ (mod \, p, Q)$ nicht erfüllt. Auf dieser Tatsache basiert der Algorithmus von AGRAWAL und BISWAS, ein einfacher probabilistischer Primzahltest, auf den ich hier nicht näher eingehen möchte. Mehr zu diesem Thema findet sich zum Beispiel ebenfalls bei [RW09], Abschnitt 5.3..

Darüber hinaus ist bereits bekannt, dass die zweite Variante zum Ziel führt und somit mathematisch einleuchtender zu begründen ist, als wenn der Algorithmus erst noch entwickelt wird. Historisch betrachtet war es sogar so, dass AGRAWAL und seine Studenten zuerst Ansatz (A) nutzten, um einen Algorithmus aufzustellen und erst mit der Zeit auf die zweite Variante, die letztendlich zum Erfolg führte, zurückgriffen.

Des Weiteren lässt sich auch mit (A) ein deterministischer Algorithmus entwickeln, der effizient arbeitet. Allerdings ist der Ansatz (B) mathematisch leichter zu analysieren. Der Grund liegt in der Tatsache, dass die Modularrechnung bezüglich eines festen Polynoms einfacher ist, als eine gegebene Kongruenz modulo verschiedener Polynome zu untersuchen. Daher ist die Möglichkeit (B) die Variante, auf welcher der AGRAWAL-KAYAL-SAXENA-Algorithmus basiert. Eine mögliche Grundstruktur für den Algorithmus stammt aus [RW09], S. 133:

"Eingabe: Eine natürliche Zahl $n > 1$.

1. Ist n die Potenz einer anderen natürlichen Zahl $a < n$, also $n = a^b$ mit $b > 1$, so antworte "n ist zusammengesetzt".

2. Andernfalls wähle ein "geeignetes" Polynom Q.

3. Überprüfe die Kongruenz $(P_i(X))^n \equiv P_i(X^n) \ (mod \, n, Q)$ für "geeignete" Polynome $P_1, ..., P_l$.

4. Ist eine dieser Kongruenzen nicht erfüllt, so antworte "n ist zusammengesetzt".

5. Andernfalls antworte "n ist prim".

(Hierbei dürfen l und der Grad von Q höchstens polynomiell mit n wachsen.)"

Um aus dem vorgegeben Fahrplan einen effizienten Algorithmus zu machen, muss noch Folgendes bearbeitet werden:

(1) n sei eine zusammengesetzte Zahl, aber keine Primzahlpotenz, und p sei ein Primteiler von n. Ist Q ein geeignetes Polynom, so kann ohne Kenntnis von p effizient ein Polynom P gefunden werden, so dass gilt

$$(P(X))^n \neq P(X^n) \ (mod \, p, Q).$$

(2)   Für jedes n gibt es solch ein "geeignetes" Polynom Q, dessen Grad polynomiell in $log \, n$ ist und welches sich effizient finden lässt.

2.5.3 Der AKS-Algorithmus

Um (1) aus dem letzten Unterkapitel zu zeigen, treffe ich - der Einfachheit halber - die folgende *Vereinbarung* für den Rest dieses Kapitels:

> $n \geq 2$ sei eine natürliche Zahl und p ein Primfaktor von n. Ist Q ein Polynom, so wird P_Q als die Menge aller Polynome P bezeichnet, die folgende Bedingung erfüllen: $(P(X))^n \equiv P(X^n) \ (mod\, p, Q)$.

Ist n eine Potenz von p, so gehört, unabhängig von Q, jedes Polynom zu P_Q. Zu zeigen ist also, dass bei Wahl eines geeigneten Q die Menge P_Q nicht über alle Maßen groß ist und effizient ein Polynom gefunden werden kann, welches nicht Element von P_Q ist. Das heißt natürlich nichts weiter, als dass der *Satz von* AGRAWAL, KAYAL *und* SAXENA bewiesen werden muss:

> Es sei r eine zu n teilerfremde Primzahl mit $ord_r(n) > 4(log\,n)^2$ und $Q := X^r - 1$. Ist n keine Potenz von p, so gibt es weniger als r Polynome der Form $P = X + a$ mit $0 \leq a < p$, die $(P(X))^n \equiv P(X^n) \ (mod\, p, Q)$ erfüllen.

Die Aussage des Satzes heißt also: wird eine Zahl r mit den geforderten Eigenschaften gefunden, so dass r höchstens polynomiell mit $log\,n$ wächst, dann müssen nur noch r verschiedene Zahlen a überprüft werden, ob $(P(X))^n \equiv P(X^n) \ (mod\, p, Q)$ gilt. Ist dies für mindestens ein a nicht der Fall, so ist n zusammengesetzt, anderenfalls muss n prim sein oder eine Primzahlpotenz.

Bevor der Beweis geführt werden kann, sind noch einige Vorbetrachtungen erforderlich. Diese werden ohne Beweis als geltend hingenommen, Beweise findet man unter anderem bei [RW09], Abschnitt 6.

> Es sei l die Anzahl aller $a \in \mathbb{N}_0$ mit $a \leq p - 1$, für die das Polynom $X + a$ zu P_Q gehört.

Weiterhin gelte, dass

- H ein irreduzibler Faktor von $Q\ modulo\,p$ sei, mit $Q := X^r - 1$, wie im Satz definiert;

- A die Anzahl der $modulo\,p$ und H verschiedenen Elemente von P_Q ist;

- t die Anzahl der $modulo\,p$ und H verschiedenen Elemente von P_Q der Form $X^{n^i p^j}$ mit $i, j \geq 0$ bezeichne.

27

Außerdem gelte, dass wenn P_1 und P_2 Polynome in P_Q sind, deren Grad kleiner als t ist, dann ist $P_1 \equiv P_2 \ (mod\, p, H)$ und damit gelte auch $P_1 \equiv P_2 \ (mod\, p)$. Weiterhin solle durch einen *Satz 2* gelten:

$$A \geq \binom{t+l-1}{t-1}$$

Und weiter mit *Satz 3*:

Ist n keine Potenz von p, so gilt $A \leq \frac{n^{2\sqrt{t}}}{2}$.

Aus diesem folgt: Gilt $t > 4\,(log\,n)^2$ und $l \geq t-1$, so ist n eine Potenz von p.

Es fehlt noch eine entscheidende Schlussfolgerung, um den Beweis vollständig führen zu können. Diese kann aus folgendem *Lemma 5* gezogen werden:

Seien p und r Primzahlen, wobei gelte, dass $p \neq r$. Und es sei weiter H ein irreduzibler Faktor $(modulo\,p)$ des $r-ten$ Kreisteilungspolynoms $K_r := X^{r-1} + X^{r-2} + .. + X + 1$. Dann gilt $X^r \equiv 1 \ (mod\, p, H)$ und $X^k \neq 1 \ (mod\, p, H)$ für alle $k = 1, ..., r-1$.

Aus diesem Hilfssatz kann nun nachstehende *Folgerung* gezogen werden:

Seien wiederum p und r prim mit $p \neq r$ und H ein irreduzibler Faktor $(modulo\,p)$ des $r-ten$ Kreisteilungspolynoms K_r. Es sei außerdem $n \in \mathbb{N}$ ein beliebiges Vielfaches von p mit $ggT(n,r) = 1$ und t sei wie oben definiert. Dann gilt $ord_r(n) \leq t \leq r$.

Mit diesen Vorüberlegungen kann jetzt der Beweis des Satzes von AGRAWAL, KAYAL und SAXENA zügig geführt werden.

☐ Sei p eine Primzahl und n ein Vielfaches von p und darüber hinaus r eine zu n teilerfremde Primzahl mit $ord_r(n) > 4(log\,n)^2$.

Da r zu n teilerfremd ist, muss folgen, dass $r \neq p$ gilt, also nach Folgerung von Lemma 5: $4\,(log\,n)^2 < t \leq r$.

Sei weiter l die Anzahl aller a zwischen 0 und $p-1$, für die $X+a$ die Kongruenz $(P(X))^n \equiv P(X^n) \ (mod\,p, Q)$ erfüllt. Angenommen, es gilt $l \geq r$. Dann gilt auch $l \geq t \geq t-1$ und mit der Folgerung aus Satz 3 muss n eine Potenz von p sein. ∎

Nun muss noch (2) des letzten Unterkapitels gezeigt werden und dann kann der endgültige AKS-Algorithmus aufgestellt werden. Die Aussage bei (2) lautete: "Für jedes n gibt es solch ein, "geeignetes", Polynom Q, dessen Grad polynomiell in $\log n$ ist und welches sich effizient finden lässt." Die Frage nach der Auswahl des Polynoms Q bzw. der Zahl r aus dem Satz von AGRAWAL, KAYAL und SAXENA gilt es zu beantworten. Mit Hilfe des Satzes ist sichergestellt, dass eine zusammengesetzte Zahl bereits durch Überprüfung weniger Kongruenzen als solche erkennbar ist. Vorausgesetzt, es gibt eine geeignete Primzahl r, die selbst nicht zu groß ist und damit der Bedingung $ord_r(n) > 4(\log n)^2$ genügt. Aber gibt es immer so ein r?

Es sei $n \geq 2$ und $k \in \mathbb{N}$. Mit $r(n, k)$ wird die kleinste Primzahl r bezeichnet, für die entweder $r \mid n$ oder $ord_r(n) > k$ gilt.

Die Frage, die sich nun umformuliert stellt, ist also: Wie groß ist $r(n, k)$ in Abhängigkeit von n und k?

Ist $ord p_r(n) = m$, so gilt $n^m \equiv 1 \ (mod \, p)$, das heißt $n^m - 1$ wird von p geteilt. Dann ist die Zahl

$$N := \prod_{m \leq k} (n^m - 1)$$

ein gemeinsames Vielfaches aller Primzahlen p mit $ord_p(n) > k$. Insbesondere ist n ein gemeinsames Vielfaches aller Primzahlen $p < r(n, k)$. Das kleinste gemeinsame Vielfache dieser Primzahl ist deren Produkt

$$\prod := \prod_{\substack{p \, prim \\ p < r(n,k)}} p,$$

also gilt $\prod \leq N$. Die Zahl N hängt von n und k ab und die Zahl $\prod$ kann mit Hilfe des schwachen Primzahlsatzes nach unten abgeschätzt werden. Auf diese Art und Weise ergibt sich die gesuchte obere Schranke für $r(n, k)$.

Satz (Größe von r(n,k)):

Die Zahl $r(n, k)$ hat höchstens die Größenordnung $r(n, k) = O(k^4 \cdot (\log n)^2$. (Das heißt, es gibt eine Zahl K mit $r(n, k) \leq O(k^4 \cdot (\log n))^2$ für alle n und k.)

Der *schwache Primzahlsatz* besagt:

Es gibt eine Konstante $C > 0$ derart, dass für jede natürliche Zahl $n \geq 2$ gilt: $\pi(n) \geq C \cdot \frac{n}{\log n}$.

□Es sei $r := r(n,k)$. Aufgrund des schwachen Primzahlsatzes wächst die Zahl $\prod$ mindestens exponetiell mit $\frac{r}{\log r}$. Genauer gilt:

$$\prod \geq 2^{\pi(r-1)} \geq 2^{\frac{C\cdot(r-1)}{\log(r-1)}} > 2^{\frac{C\cdot(r-1)}{\log r}} > 2^{\frac{C\cdot r}{2\log r}}.$$

Wobei $\prod$ wie gerade definiert ist, $\pi(r-1)$ die Anzahl der Primzahlen $p < r$ und C eine geeignete, von n, k und r unabhängige Konstante.

Andernseits wächst n höchstens exponentiell in $k^2 \cdot \log n$, genauer gilt:

$$N = \prod_{m\leq k}(n^m - 1) < \prod_{m\leq k} n^m = n^{1+2+\ldots+k} = n^{\frac{k(k-1)}{2}} < n^{\frac{k^2}{2}} = 2^{\frac{k^2\cdot\log n}{2}}$$

Da bekannt ist, dass $\prod \leq N$, ergibt sich $\frac{r}{\log r} < \frac{k^2\cdot\log n}{C}$. Über die Abschätzung von $\frac{r}{\log r}$ kann leicht eine Abschätzung für r gebildet werden. Es gilt ja $(\log(r))^2 = O(r)$, also ist insbesondere $r \cdot (\log(r))^2 = O(r^2)$ und damit $r = O\left(\frac{r^2}{\log(r)^2}\right) = O\left(k^4 \cdot (\log n)^2\right)$■

Für die Anwendung im Satz von AGRAWAL, KAYAL und SAXENA interessiert die Größenordnung der Zahl $r_0 := r\left(n, \lfloor 4\,(\log n)^2\rfloor\right)$, nach dem Satz über die Größe von $r(n,k)$ beträgt diese $r\left(n, \lfloor 4\,(\log n)^2\rfloor\right) = O\left((\log n)^{10}\right)$. Die Zahl r_0 wächst demnach höchstens polynomiell in $\log n$. Damit ist es kein Problem, diese Zahl und das damit verbundene Polynom $Q = X^r - 1$ durch eine einfache Suche effizient zu bestimmen. Damit wurden alle noch aus der Grundstruktur bestehenden Probleme gelöst und der endgültige Algorithmus kann aufgestellt werden. Die Struktur wird auch, wie schon die Grundstruktur, aus [RW09], S. 156 übernommen.

"Eingabe: Eine natürliche Zahl $n \geq 2$.

1. Ist n die Potenz einer anderen natürlichen Zahl $a < n$, also $n = a^b$ mit $b > 1$, so antworte "n ist zusammengesetzt".

2. Andernfalls führe für $r = 2, 3, 4, \ldots$folgende Schritte aus:

   a) Überprüfe, ob r prim ist (z.B. mit Hilfe des SIEBS DES ERATOSTHENES).

   b) Wird n von r geteilt und ist $r < n$, so antworte "n ist zusammengesetzt".

   c) Ist $r \geq n$, so antworte " n ist prim".

   d) Andernfalls berechne die Ordnung $ord_r(n)$.

   e) Ist r prim und $ord_r(n) > 4(\log n)^2$, so setze $Q = X^r - 1$ und fahre in Schritt 3. fort.

3. Überprüfe die Kongruenzen $(X + a)^n \equiv X^n + a \ (mod \, n, Q)$ für alle ganzen Zahlen a zwischen 1 und $r - 1$.

4. Ist eine dieser Kongruenzen nicht erfüllt, so antworte "n ist zusammengesetzt".

5. Andernfalls antworte "n ist prim." "

Es zeigt sich also, dass der AKS-Algorithmus ein effizienter und determinierter Algorithmus ist, der nur wenige Wochen nach seiner Veröffentlichung von verschiedenen Mathematikern bewiesen wurde. Es entwickelten sich bereits kurz darauf Varianten des Algorithmus, welche mitunter die Laufzeit stark reduzieren. So zum Beispiel das Verfahren von LENSTRA und POMERANCE, welches die Laufzeit des AKS-Algorithmus deutlich verbessert. Die Grundidee ist dieselbe, allerdings wird ein anderes Polynom Q zur Überprüfung der Kongruenz verwendet. Aber trotz aller bisherigen Laufzeitverbesserungen kann bis heute kein deterministischer Algorithmus mit einfachen probabilistischen Primzahltests wie dem MILLER-RABIN-Test mithalten. Der AKS-Algorithmus ist also eher von theoretischer als praktischer Bedeutung. Dadurch, dass es bereits jetzt so viele Varianten und Verbesserungen des Verfahrens von AGRAWAL, KAYAL und SAXENA gibt, wird mitunter auch von der AKS-Klasse gesprochen. Zur Bewältigung dieses Unterkapitels habe ich mich sehr an [RW09], Abschnitt 6 und 7 orientiert, aber auch [KK10], Abschnitt 8.4 und [Wol11], Abschnitt 5.3.6 vergleichend genutzt.

Hiermit bin ich nun am Ende der Vorstellung der Primzahltests. Bei meiner Erarbeitung hat sich gezeigt, dass die unterschiedlichen Test oft eng miteinander zusammenhängen und ähnliche Grundvoraussetzungen nutzen. Ich habe mich aufgrund der guten und eingängigen Literatur dazu entschlossen, den letzten und neusten Test auf dem Gebiet etwas ausführlicher darzustellen, wobei ich auch hier im Sinne des vorgegebenen Rahmens auf die Darstellung von unterschiedlichen Beweisen verzichtet habe. Besonders interessant fand ich, dass er sich mit seiner deterministischen Art und Weise, ohne Einschränkungen für alle Zahlen, von den vorherigen Tests deutlich abhebt.

3 Anwendung in der Schule

Nachdem ich mich nun mit den verschiedenen Primzahltests beschäftigt habe, möchte ich mich, wie bereits in der Einleitung angekündigt, mit der Anwendungstauglichkeit für die Schule befassen. Auch werde ich untermauern, warum ich gerade das SIEB DES ERATOSTHENES für sehr geeignet in der Schule halte und welche anderen Test sich ebenfalls anbieten würden. Zu erst werde ich untersuchen, wie die verschiedenen Lehrpläne der 16 deutschen Bundesländer gestaltet sind. Wo sich überall schon Primzahlen und vielleicht auch Primzahltests wiederfinden, welche Unterschiede sich erkennen lassen und selbstverständlich, ob es vielleicht deutschlandweite Gemeinsamkeiten im Bezug auf Primzahlen im Unterricht gibt, obwohl seit der Gründung der Bundesrepublik "Bildung" eine Sache der Länder ist und dies auch im Grundgesetz verankert ist.

3.1 Lehrplananalyse

Bei der Suche nach Informationen über die Verwendung von Primzahlen im Unterricht fällt auf, dass die einzelnen Länder ein mehr oder weniger breites Spektrum an Schultypen haben und dementsprechend verschiedenen Lehrpläne, welche ich alle über den deutschen Bildungsserver bezogen habe ([fIPF]). Auch sind von der Umstellung in vielen alten Bundesländern vom neunjährigen auf das achtjährige Gymnasium noch Lehrpläne im Auslaufen, während die neuen schon in den ersten Jahrgängen angewendet werden. Darüber hinaus gibt es, vor allem in Bayern, schon vorläufige Lehrpläne, die bereits publik sind, aber noch keine Anwendung im gesamten Bundesland finden.

Allgemein habe ich allerdings festgestellt, dass sich in allen Ländern die Primzahlen, sofern sie überhaupt im Lehrplan vorgesehen sind, bis zur Klasse 6 (mit einer Ausnahme) ansiedeln. Durch die unterschiedlich lange Dauer der Grundschule (4 oder 6 Jahre) und der damit verschobenen Eingrenzung der Sekundarstufe I (5. - 10. Klasse oder 7. - 10. Klasse) möchte ich auf eine Klassifizierung in dieser Hinsicht verzichten. Weiterhin sind in den verschiedenen Bundesländern verschiedenen Schultypen vorhanden, die zum Teil nur anders benannt, aber prinzipiell dasselbe darstellen, teilweise sich aber gänzlich in wesentlichen Dingen unterscheiden und somit nur in einem bestimmten Land vorkommen.

Ein Beispiel für den ersten Sachverhalt ist die Benennung der Mittelschule in Sachsen mit dem Thüringer Pendant der Regelschule. Anders sieht es in Schleswig-Holstein aus. Hier gibt es ein Gymnasium und eine Gesamtschule, wobei die Gesamtschule aber auch bis zur Sekundarstufe II geleitet wird, was aber nicht in jedem Land, in dem es eine Gesamtschule gibt, der Fall ist.

Um das Gesamte zu konkretisieren, habe ich festgestellt, dass bis auf die Länder Baden-Württemberg, Mecklenburg-Vorpommern und Nordrhein-Westfalen alle übrigen Bundesländer Primzahlen in ihren Lehrplänen verankert haben und explizit erwähnen.

In den meisten anderen Bundesländern wird in der sogenannten Orientierungsstufe (Klasse 5 und 6), welche bei einigen Bundesländern noch in den Grundschulbereich, bei anderen bereits in den Gymnasial- und Mittelschulbereich gehört, die Bearbeitung von Primzahlen, im Zusammenhang mit den Eigenschaften von natürlichen Zahlen erkundet. Die Schüler sollen eine Primzahl erkennen, müssen also mit dem Begriff umgehen können. Oft tritt in diesem Zusammenhang der explizite Hinweis auf die Beschäftigung mit dem SIEB DES ERATOSTHENES auf. So in Berlin und Brandenburg (Grundschule, 6. Klasse), im Saarland, wo in der 4. Klasse der Grundschule das Sieb genutzt wird, um die Primzahlen bis 100 herauszufinden und es in der erweiterten Realschule und der Gesamtschule in der Orientierungsstufe als Verfahren der Primzahlbestimmung erläutert werden können muss. Interessant ist, dass am Gymnasium das Sieb nur fakultativ ist, genauso wie der SATZ VON EUKLID mit Beweis, dafür aber die Primfaktorzerlegung mit Potenzschreibweise im Unterricht behandelt wird. Ebenso wie der EUKLIDISCHE ALGORITHMUS als eine Möglichkeit, den größten gemeinsamen Teiler und das kleinste gemeinsame Vielfache zu bestimmen. Auch in Sachsen steht das SIEB DES ERATOSTHENES auf dem Lehrplan der Mittelschulen in Klasse 5. Am Gymnasium müssen die Schüler laut Lehrplan in der 5. Klasse Primzahlen nur kennen. Allerdings gibt es in Klasse 6 ein Wahlpflichtgebiet, welches Primzahlen heißt und sich mit der Bedeutung von Primzahlen für zusammengesetzte Zahlen mit Ausblick auf die Kryptologie beschäftigt. Des Weiteren werden Zahlen in Primfaktoren zerlegt, die Siebmethode wird behandelt und es wird ein Ausblick gegeben, wie die Wissenschaft versucht, eine Formel für Primzahlen zu finden. Es kann der Beweis geführt werden, dass es keine größte Primzahl gibt. Außerdem sollen die Schüler Einblick in zahlentheoretische Probleme wie die Primzahlzwillinge, die Umsetzung des EUKLIDISCHEN ALGORITHMUS und noch vieles andere bekommen.

In vielen Ländern wird auch die Primfaktorzerlegung behandelt, so beispielsweise in Sachsen-Anhalt, Hessen, Hamburg und im neuen Lehrplan von Bayern für das achtjährige Gymnasium. Im alten Lehrplan für das neunjährige Gymnasium war auch die Behandlung des Sieb des Eratosthenes in Bayern vorgesehen. Auch in Thüringen ist im neuen Lehrplan das Gebiet der Primzahlen wesentlich kleiner gefasst als im alten. Dass es auch anders geht, zeigt Hessen. Hier hat sich vom alten zum neuen Lehrplan inhaltlich nichts geändert, lediglich dass die Primzahlen jetzt in Klasse 5 statt vorher in der 6. Klasse behandelt werden.

Einen kleine Anmerkung nun noch zu den weiter oben genannten Abweichungen der bloßen Behandlung von Primzahlen laut Lehrplan in der Orientierungsphase. In Rheinland-Pfalz gibt es für die Sekundarstufe II ein Angebot an verschiedenen Themen für fächerübergreifenden Unterricht. Beim Problem der Unendlichkeit wird vorgeschlagen, sich der Frage zu widmen, ob es unendlich viele Primzahlen bzw. Primzahlzwillinge gibt. Darüber hinaus gibt es in Schleswig-Holstein am Gymnasium und an der Gesamtschule in der 13. Klasse einen Substitutionskurs Mathematik und Informatik, der sich unter anderem mit der Kryptologie beschäftigt. Dabei liegt das Augenmerk vor allem auf Primzahlen und die für ihre Bestimmung so notwendigen Primzahltests. Es zeigt sich also, dass durchaus Potenzial für die Behandlung von Primalitätstests in der Sekundarstufe II vorhanden ist. Doch dazu später mehr.

3.2 Das Sieb des Eratosthenes in der Schule

Aus den gerade geführten Lehrplanvergleichen lässt sich schon ableiten, dass die Wahl des SIEB DES ERATOSTHENES (als ein gutes Beispiel für Primzahltests in der Schule) nicht willkürlich von mir war. In der Vielzahl der Lehrpläne, auch im sächsischen, wird diese Siebmethode gerade deswegen eingebracht, weil sie so einfach und leicht nachzuvollziehen ist. Der Algorithmus, der hinter dieser Siebmethode steht, ist leicht zu verstehen. Bereits Kinder am Ende der Grundschule können leicht erkennen, dass alle Vielfache einer Zahl keine Primzahl sein können und damit herausgestrichen werden. Gerade der visuelle Aspekt spricht noch mehr Lerntypen an, so dass auch Schüler, denen das Lernen auf dem klassischen Weg der Wissensvermittlung schwerer fällt, hier eine Chance haben, den Sachverhalt in einem anderen Rahmen zu verstehen.

Es bietet sich nach der Einführung und Erklärung des Primzahlbegriffs an, die Schüler selbstständig arbeiten zu lassen. Dazu kann ein Arbeitsblatt erstellt werden, welches ein vorgegebenes Sieb beinhaltet (wie das von mir erstellte weiter oben), allerdings ohne Graustufungen und Striche und in der Größenordnung von 100 bis maximal 200. Dazu ist es optimal, eine schriftliche Arbeitsanweisung auszuhändigen, welche den Algorithmus in einfachen Worten wiedergibt. Dann wissen die Lernenden auch später noch, was sie getan haben und können es nachvollziehen. Eine mögliche Formulierung wäre zum Beispiel:

Vor über 2200 Jahren fand der griechische Mathematiker Eratosthenes ein mathematisches Verfahren zur Bestimmung von Primzahlen; es wird Sieb des Eratosthenes genannt. Dieses funktioniert nach folgendem Prinzip: Schreibt man eine Liste aller natürlichen Zahlen auf, die man überprüfen will, dann sieht das nachher z.B. für die Zahlen von 1 bis 200 so aus:

1. Nun streicht man als erstes die 1 weg, da es sich bei 1 um keine Primzahl handelt.

2. Es folgt die 2. 2 wurde bis jetzt nicht weggestrichen und ist deshalb Primzahl. Wir markieren 2 mit einem Kreis als Primzahl.

3. Wir streichen nun alle durch 2 teilbaren Zahlen, weil diese nicht Primzahlen sein können (Sie hätten jeweils die Teiler 1, 2 und sich selbst.).

4. Die 3 ist nun die nächste nicht gestrichene Zahl! Wir markieren 3 mit einem Kreis als Primzahl.

5. Wir streichen nun alle durch 3 teilbaren Zahlen, weil diese ebenfalls keine Primzahlen mehr sein können.

6. Nun wiederholen wir die Schritte 4 und 5 solange, bis alle Zahlen entweder als Primzahlen markiert oder als Nichtprimzahlen durchgestrichen sind.

Danach bietet es sich an, noch einmal alle Primzahlen niederschreiben zu lassen, um eine gewisse Übersichtlichkeit zu wahren.

Auch kann in jüngeren Jahren gut mit einem Buch von HANS MAGNUS ENZENSBERGER gearbeitet werden. "DER ZAHLENTEUFEL" bezeichnet sich selbst als ein Buch, dass die Angst vor der Mathematik nehmen soll. Das Kinderbuch ist unterhaltsam geschrieben und nicht nur für Kinder geeignet. Speziell das SIEB DES ERATOSTHENES wird, ohne dass der Name genannt wird, in einer der Geschichten (vgl. Enzensberger 2007 [Enz07], S. 57 ' 61) erklärt. Hier werden die Primzahlen als "prima Zahlen" bezeichnet. In der Geschichte erklärt der Zahlenteufel das Anfangsprinzip, lässt dann aber Platz für den Leser oder Zuhörer, selber ein Sieb auszufüllen, beziehungsweise zu vervollständigen. Gerade für den Einstiegsunterricht ist dies eine motivierende Variante, bei der die Schüler auf eine spielerische Art und Weise an Wissen gelangen.

Weiterhin ermöglicht eine Unterrichtssequenz mit dieser Siebmethode differenziertes Vorgehen in der Unterrichtsgestaltung. Hat man eine pfiffige Klasse, sind die Hinweise, die man gibt, sparsam einzusetzen. Man kann darauf hinarbeiten, dass die Schüler selbst herausfinden oder zumindest begründen können, warum alle Vielfachen einer Primzahl nie prim sind und daher gestrichen werden. Man überprüft somit auch, inwieweit der Begriff von den Schülern verstanden wurde und schließlich angewendet werden kann. Bei schwächeren Schülern kann man aber auch immer wieder Impulse setzen: so dass zu erst die 1 gestrichen wird, da sie keine Primzahl ist, wie es aus der Definition und den Erklärungen, die zu diesem Thema im Vorfeld gekommen sein müssen, ersichtlich ist. Danach kann die 2 als Primzahl ausgewiesen werden, da sie nur durch 1 und sich selbst teilbar ist. Schrittweise können bei Bedarf immer mehr Hinweise gegeben werden, so dass alle Vielfachen der 2 keine Primzahlen sein können, da sie durch 1, 2 und sich selbst teilbar sind. Weiter geht es mit der Tatsache, dass die 3 die nächste nicht durchgestrichene Zahl ist und somit eine Primzahl sein muss. Dies lässt sich auch schnell überprüfen, es fallen wiederum - mit analoger Begründung - die Vielfachen weg. So kann man peu à peu auch schwächere Schüler an das Thema heranführen, ohne sie auf der einen Seite zu überfordern und ihnen aber gleichzeitig Raum geben, dass sie, sobald sie das System erkannt haben, selbständig und ohne Hilfestellung weiterarbeiten können. Es ist unglaublich motivierend, wenn sie sehen, was für ein Rest an Hinweisen noch vorhanden gewesen wäre! Für schnelle Schüler kann man das Sieb einfach vergrößern, man kann auch Besonderheiten untersuchen lassen, wie das Auftreten von Primzahlzwillingen. Konkrete Aufgabenstellungen und Arbeitsblätter findet man bei Roland Baum (Baum 2007 [Bau07]). Dieser hat die Unterrichtsstunde für eine dritte

Klasse in Niedersachsen geplant. Anhand der Materialien sieht man, dass bereits in der Grundschule mit den entsprechend angepassten Aufgabenstellungen Primzahlen und das SIEB DES ERATOSTHENES behandelt werden können.

Ich denke, in dem kurzen Ausschnitt hat sich doch erkennbar zeigen lassen, dass diese Art der Siebmethode viele Möglichkeiten der differenzierten Unterrichtsgestaltung bietet und sich gut und vor allem einfach visualisieren lässt. Zwei Faktoren, die sich im Mathematikunterricht nicht immer verständlich umsetzen lassen. Des Weitern spricht ein abwechslungsreiches und im verschiedenen Sinne ansprechendes Unterrichtskonzept für eine Unterrichtsstunde mit viel Potenzial. Die Erfolgswahrscheinlichkeit, dass die Schüler mit mehr Wissen nach Hause gehen, ist in so einer Stunde vielleicht nicht unbedingt höher. Aber der Eigenantrieb, die Sache zu verstehen, wird auf jeden Fall erhöht. Allerdings finde ich, und es zeigt sich auch in der Lehrplananordnung, dass sich das SIEB DES ERATOSTHENES eher für den Grund- und Sekundar I-Bereich anbietet. Für ältere Schüler dürfte es dennoch schnell trivial werden. Gerade im Hinblick auf anwendungsorientierten Mathematikunterricht zeigen sich deutlich die Schwächen des Siebes. Wie bereits weiter oben diskutiert, eignet sich die Siebmethode nicht für große Zahlen, wie sie aber in der Praxis benötigt werden. Die Verschlüsselung von Daten ist gerade in einer Zeit, wo das Internet einen immer größeren Stellenwert einnimmt, ein zentrales Thema. Hier wären auch Anknüpfungspunkte an die Lebenswelt der Schüler geschaffen. Aber gibt es denn Primzahltests, die man eingängig den Schüler erklären kann, ohne dass sie an zu vielen mathematischen Sätzen und Beweisen verzweifeln? Eignet sich der ein oder andere von mir vorgestellte Primzahltest, um eine Gruppe von Schülern in der Sekundarstufe II zu beschäftigen und zu begeistern, ohne dass sie besondere Begabungen mitbringen? Um diese Fragen soll es zumindest in Ansätzen im Folgenden und gleichzeitig letzten Kapitel meiner Arbeit gehen.

3.3 Potenziale anderer Primzahltests

Die Antwort lautet prinzipiell „Ja!". Natürlich gibt der ein oder andere Primzahltest die Möglichkeit auf eine Unterrichtseinheit, wobei offen ist, wie viele einzelne Schulstunden eine solche Einheit umfasst. Sicherlich werden mehr Stunden aufgewendet werden, als das SIEB DES ERATOSTHENES zu erklären, da zumindest meiner Ansicht nach die anderen Tests komplexer sind und nicht ganz so leicht nachvollziehbar. Da sie sich nicht zuletzt so klar und einfach visualisieren lassen.

Auf der Hand liegt eine Vertiefung der Siebmethoden, zum Beispiel durch das SIEB VON ATKIN. Immerhin baut es auf dem des ERATOSTHENES auf. Es würde sich also bei Schülern anbieten, die bereits in der Orientierungsstufe Kontakt mit Siebverfahren hatten, nun diese wieder aufzugreifen, zu wiederholen und dann anschließend zu vertiefen. Wird allerdings tiefer in die Siebmethoden eingestiegen, sieht man auch schon an der Tatsache, dass dies nicht näher in der vorangegangen Kapiteln behandelt wurde, dass es sich um höhere Mathematik handelt, die ich nicht für geeignet halte, um damit eine normale Mathematikstunde zu füllen.

Auch wird hier nicht näher auf die Probedivision (als wohl einfachster und einleuchtender Sachverhalt zur Überprüfung auf Primalität) eingegangen. Der Grund liegt allerdings nicht in einer eventuellen komplexen Darstellung, sondern darin, dass ich der Meinung bin, dass es sozusagen selbsterklärend und Grundstein für viele weitere Primzahltests ist. Nicht zuletzt wird der Gedanke der Probedivison auch bei den Siebmethoden genutzt, da jedes Vielfache einer Zahl im Umkehrschluss wiederum durch diese Zahl teilbar ist.

Es sollte nicht unbeachtet bleiben, dass die AKS-Methode selbst in der Schule angewendet werden kann. Immerhin ist das Buch von REMPE und WALDECKER ([RW09]) im Rahmen eines Kurses mit mathematikinteressierten und -begeisterten Schüler entstanden. In dem Vorwort heißt es: "Die [..] Wissenschaftler [, AGRAWAL, KAYAL und SAXENA,] beschrieben ein effizientes und deterministisches Verfahren, um festzustellen, ob eine gegebene natürliche Zahl eine Primzahl ist. [...] Besonders bemerkenswert an dieser Arbeit ist, dass sie trotz ihrer Bedeutung nur elementare mathematische Grundkenntnisse erfordert [...]." ([RW09], S. vii; Einfügung und Auslassung: K. K.). Weiter heißt es dort auch: "Zusätzlich betrifft dieses Resultat [, die Bestimmung einer Primzahl über den AKS-Algorithmus,] einen Bereich der Mathematik, dessen Relevanz heute aufgrund der Anwendung von Verschlüsselungsverfahren im Internet (von "eBay" bis zum Online.Banking) unbestritten ist." ([RW09], S. vii; Einfügung: K. K.). Dieser Umstand lieferte die Motivation, dass die beiden Autoren im Sommer 2005 einen Kurs zum Thema anboten. Das Ganze fand mit "16 hochmotivierten Oberstufenschülern" ([RW09], S. viii) im Rahmen der "DEUTSCHEN SCHÜLERAKADEMIE" statt. Innerhalb von zweieinhalb Wochen wurde ein Weg von den Grundlagen bis zu den aktuellen wissenschaftlichen Ergebnissen aufgezeigt und begleitet. Durch den Spaß der Teilnehmer wurde die Idee des Buches geweckt, welche sich nah an der Schülerakademie orientiert und "[o]hne [die, das] Büchlein nie entstanden [wäre]!" ([RW09], S. viii; Anpassung und Umstellung: K. K.).

In diesem Vorwort und ebenso im folgenden Buch zeigt sich deutlich, dass sich auch andere Primzahltests mit Schülern unter gewissen Ausgangsvoraussetzungen bearbeiten lassen. Zum einen ist es, wie bereits weiter oben angedeutet, eine Zeitfrage. Ich erachte es als sinnvoll, solch ein Thema intensiv über einen längeren Zeitraum zu bearbeiten, wie es bei fächerübergreifendem Unterricht und Projektwochen der Fall ist. Darüber hinaus handelt es sich hierbei keinesfalls um einen trivialen Sachverhalt und es kann daher nicht in einer beliebigen Altersstufe eingesetzt werden. In der Sekundarstufe II bringen Schüler schon ein umfangreiches Wissen mit und sollten auch in der Lage sein, neue notwendige Sachverhalte in einer angemessenen Zeit zu verstehen und letztendlich anwenden zu können. Ebenso denke ich, dass man hier durchaus differenzieren kann. Entweder macht man einen Intensivkurs zu diesem Thema mit einem Leistungskurs, oder man lässt interessierte Schüler aus Grund- und Leistungskurs zusammen die Thematik erschließen. Dabei halte ich es für ratsam, immer darauf zu achten, dass die Schüler an dem Spaß haben, was sie sich gerade erschließen.

Ein Unterricht, der sich mit aktuellen mathematischen Erkenntnissen beschäftigt, sollte immer einem wissenschaftlichen Anspruch genügen. Im Fachjargon heißt diese Art der Stundengestaltung "wissenschaftsorientierter Unterricht". Das heißt, Beweismethoden sollten bereits vorab bekannt sein und trainiert werden. Gewiss eignet sich dann auch ein Algorithmus, der viele verschiedenen Eigenschaften nutzt, die alle bewiesen werden müssen, wie es bei AGRAWAL, KAYAL und SAXENA der Fall ist, zum Trainieren solcher Beweisverfahren. Betrachtet man allerdings den Lehrplan, so fällt auf, dass das Beweiswesen, das Trainieren und das alleinige Anwenden der Kenntnisse immer weiter in den Hintergrund treten. Es muss immer mehr eigene Vorarbeit geleistet werden, bevor ein spezielles Thema ausreichend in einer Schülergruppe diskutiert werden kann.

Mit der entsprechenden guten Vorbereitung und Anleitung durch eine Lehrperson können aber auch neue wissenschaftliche Erkenntnisse in der Schule erschlossen werden. Dabei könnte man ein ähnliches Vorgehen wählen wie das meinige vom Kapitel 2.5 dieser Arbeit. Auch wenn es auf den ersten Blick eher verwirrend erscheint, denke ich, kann das Wesen, auf mehrere Zwischenschritte gestützt und auch mit häufigeren Beweisen unterlegt weden und den Schülern damit verständlicher gemacht werden. Immerhin ist es wissenschaftlich bewiesen, dass alles, was man einmal selbst gemacht hat, wesentlich besser im Gedächtnis bleibt.

Zum Abschluss liegt noch auf der Hand, dass eine Bearbeitung des AKS-Algorithmus vom Anfang bis zum Ende auch bedeutet, dass alle Erkenntnisse und damit auch alle Primzahltests, die zur Erschließung der Methode von Nöten sind, einzeln ebenfalls behandelbar sind. Mit entsprechendem Zeitbudget und bei etwas Engagement sind also durchaus noch Reserven in der schulischen Bildung im Bereich Primalitätstests anzutreffen.

4 Schluss

Mein Ziel war es, in dieser Arbeit einen Überblick über die verschiedenen Primzahltests zu geben. Sie sollten dabei inhaltlich abgestimmt und dann in Komplexität beziehungsweise Leistungsfähigkeit aufsteigend angeordnet sein. Ich denke, mit dieser Arbeit kann man sich einen guten Überblick über verschiedenen Varianten verschaffen; gleichzeitig ist der Alltagsbezug gegeben.

Anfangsschwierigkeiten hatte ich vor allem mit der unterschiedlichen Symbolik und Erklärungen eines Sachverhaltes in den verschiedenen Büchern. Dies führte dazu, dass ich mich meist - was Bezeichnungen und Erläuterungen betrifft - an einer Quelle stärker orientiert habe. Allerdings habe ich mich dann in den andern Ausführungen zu diesem Thema vergleichend belesen und dann das mir Verständlichste gewählt, um es in diesem Rahmen zu präsentieren. Auch habe ich darauf verzichtet, jede verwendete Aussage zu beweisen. Im Umfang der Arbeit und der mir selbst gesteckten Ziele, den Inhalt betreffend, empfand ich es nicht als wesentlich, jede Aussage beweisen zu müssen. Es erschien mir sinnvoller, einen groben Überblick über den umfangreichen Bereich der Primzahltests zu liefern und am Schluss noch einen kleinen Ausblick bieten zu können, wie es momentan in der deutschen Schullandschaft aussieht. Darüber hinaus habe ich mich beim Schreiben dazu entschlossen, Möglichkeiten der Unterrichtsgestaltung aufzuzeigen, anstatt mich zu sehr mit didaktischen Theorien zu bemühen. Mir war in der gesamten Arbeit sehr wichtig, dass man immer wieder einen Bezug zur Praxis herstellt und den Schülern bei der Unterrichtsgestaltung einen anwendungsorientierten Mathematikunterricht präsentieren kann.

Da mir, nach bestem Wissen, Primzahltests in meiner eigenen Schulzeit nie begegnet sind, hat mir diese Arbeit gezeigt, wie vielfältig das Gebiet der Primzahlen und Primalitätstests ist und welchen Beitrag man in der Schule leisten kann. Ich fand es sehr spannend, die verschiedenen Test zu vergleichen und am Ende festzustellen, dass in der Praxis ein Test, der eine gewisse Fehlerwahrscheinlichkeit aufweist und nicht zweifelsfrei bewiesen werden kann, einem determinierten Test vorgezogen wird. Das Überraschendste war allerdings, dass ein Test wie der AKS-Algorithmus (trotz intensiver Forschungen) erst vor kurzem entdeckt wurde und er sich dennoch mit einfachen mathematischen Grundlagen (die man bereits in den ersten Semestern an der Hochschule lernt) erklärt und vor allem auch bewiesen werden kann.

Literatur

[AB99]   A. O. L. Atkin and D. J. Bernstein. Prime sieves using binary quadratic forms. http://cr.yp.to/papers/primesieves-19990826.pdf, 1999. Download vom 22.06.2011.

[AB04]   A. O. L. Atkin and D. J. Bernstein. Prime sieves using binary quadratic forms. http://www.ams.org/mcom/2004-73-246/S0025-5718-03-01501-1/S0025-5718-03-01501-1.pdf, 2004. Download vom 22.06.2011.

[Bau07]   R. Baum. *Unterrichtsstunde Primzahlen. Das Sieb des Eratosthenes. Mathematik, Klasse 3. Unterrichtsentwurf.* Grin Verlag für akademische Texte, 2007.

[BLS75]   Brillhart, Lehmer, and Selfridge. New primality criteria and factorization of $2^n \pm 1$. http://www.ams.org/journals/mcom/1975-29-130/S0025-5718-1975-0384673-1/S0025-5718-1975-0384673-1.pdf, 1975. Download vom 23.06.2011.

[Buc10]   J. Buchmann. *Einführung in die Kryptographie.* Springer-Verlag, 5. edition, 2010.

[DLV$^+$11]   O. Deiser, V. Lasser, E. Vogt, et al. *12x12 Schlüsselkonzepte zur Mathematik.* Spektrum Akademischer Verlag, 2011.

[Enz07]   H. M. Enzensberger. *Der Zahlenteufel. Ein Kopfkissenbuch für alle, die Angst vor der Mathematik haben.* Carl Hanser Verlag, 8. edition, 2007.

[fIPF]   Deutsches Institut für Internationale Pädagogische Forschung. Bildungspläne der Bundesländer für allgemeinbildende Schulen. http://www.bildungsserver.de/zeigen.html?seite=400. Letzte Aktualisierung: 08.07.2011, Download vom 09.07.2011.

[Gra81]   E. Graf. *Probabilistische Algorithmen und Computerunterstützte Untersuchungen von probabilistischen Primalitätstests.* PhD thesis, Eidgenössische Technische Hochschule Zürich, 1981.

[KK10]   C. Karpfinger and H. Kiechle. *Kryptologie. Algebraische Methoden und Algorithmen.* Vieweg + Teubner, 2010.

[Pép77]   T. Pépin. Comptes rendus des séances de l'Académie des sciences. In *Sur la formule $2^{\lceil 2^n \rceil} + 1$*, number 85, pages 329–333. Paris, 1877.

[Rib11]   P. Ribenboim. *Die Welt der Primzahlen. Geheimnisse und Rekorde.* Springer-Verlag, 2. edition, 2011.

[RW09]   L. Rempe and R. Waldecker. *Primzahltests für Einsteiger. Zahlentheorie-Algorithmik-Kryptographie.* Vieweg + Teubner, 2009.

[SS77]   R. Solovay and V. Strassen. A fast Monte-Carlo test of primality. *SIAM Journal on Computing*, 6(1):84f, März 1977.

[SS78]   R. Solovay and V. Strassen. Erratum: A fast Monte-Carlo test of primality. *SIAM Journal on Computing*, 7(1):118, Februar 1978.

[Wol11]   J. Wolfahrt. *Einführung in die Zahlentheorie und Algebra.* Vieweg + Teubner, 2. edition, 2011.

Literatur